高等院校艺术设计类专业
案例式规划教材

室内外设计制图与透视

■ 主　编　李劲江　胡晓宇　张　葳
■ 副主编　金嵩林　曲旭东　熊　杰
■ 参　编　朱学颖

U0370118

华中科技大学出版社
http://www.hustp.com

内 容 提 要

　　本书详细讲解室内外设计的制图方法和透视原理，文字表述简明、流畅，列举大量实际案例作支撑。主要内容包括室内外设计制图基础、制图种类与方法、透视制图原理、阴影制图原理、优秀图纸解析五大章节，注重国家制图标准与实践经验相结合，可作为全日制高等院校室内外设计、建筑装饰设计等相关专业的教学用书，同时也适合于室内外设计师、施工员及其他专业技术人员参考。

图书在版编目（CIP）数据

室内外设计制图与透视 / 李劲江，胡晓宇，张葳主编 .—武汉：华中科技大学出版社，2017.9（2024.3重印）
高等院校艺术设计类专业案例式规划教材
ISBN 978-7-5680-2705-2

Ⅰ.①室…　Ⅱ.①李…　②胡…　③张…　Ⅲ.①建筑设计 - 建筑制图 - 高等学校 - 教材　②建筑制图 - 透视投影 - 高等学校 - 教材　Ⅳ.① TU204

中国版本图书馆CIP数据核字（2017）第081389号

室内外设计制图与透视
Shineiwai Sheji Zhitu yu Toush

李劲江　胡晓宇　张　葳　主编

策划编辑：金　紫
责任编辑：陈　骏
封面设计：原色设计
责任校对：李　琴
责任监印：朱　玢
出版发行：华中科技大学出版社（中国·武汉）　　　电话：（027）81321913
　　　　　武汉市东湖新技术开发区华工科技园　　　邮编：430223
录　　排：华中科技大学惠友文印中心
印　　刷：湖北新华印务有限公司
开　　本：880mm×1194mm　1/16
印　　张：16.25
字　　数：354 千字
版　　次：2024 年 3 月第 1 版第 3 次印刷
定　　价：49.80 元

前言
Preface

　　近年来，建筑装饰设计与室内外设计行业发展迅速，室内外设计成为一门热门学科，制图与透视是室内外设计专业的基础课程，它要求设计者在图纸表现上力求简洁、明了，方便各技术工种之间展开交流。如今，室内设计、园林景观设计、展示设计都已经形成了独立的专业领域，需要创造具有自身特色的制图形式。这部教材着实指导设计师与客户交流，设计师与施工员交流，在现有的行业规范体系下，沿用中国传统图学原理，将设计制图多样化、立体化、唯美化，提高行业水平，发挥设计的影响力、推动力，促进室内外设计健康发展。

　　科学的本质就是创新，创造性的制图形式更加有助于表达图纸本意。本书重点总结现代制图特点，提出当今设计制图的创新方向，为国家标准规范的制定提供指导，培养具备传统文化修养的设计师。本书内容丰富，实用性强，不仅适用于室内外设计专业日常教学，还可以作为硕士研究生入学考试参考用书。

　　本书的编写得到了广大同仁的热情支持，本书由李劲江、胡晓宇、张葳担任主编，金嵩林、曲旭东、熊杰担任副主编，朱学颖担任参编。具体的编写分工为：第1章、第2章第一节由李劲江编写；第2章第二节、第三节由胡晓宇编写；第2章第三节、第四节由张葳编写；第2章第五节、第六节、第七节由金嵩林编写；第3章第一节至第三节由曲旭东编写；第3章第四节至第七节由熊杰编写；第4章由朱学颖编写；其余章节均由主编编写整理。书中采用的大部分设计作品、图纸、文字主要由以下同仁提供，分别是向芷君、安诗诗、鲍莹、鲍雪怡、边塞、柏雪、曹洪涛、曾令杰、曾庆平、陈全、陈庆伟、陈伟冬、程媛媛、邓贵艳、邓世超、董卫中、董豪鹏、汤留泉，在此表示感谢！

编　者

2017 年 2 月

目录

第1章
室内外设计制图基础

章节导读

本章详细讲述了我国传统设计制图的起源和发展，指出现行国家制图标准的重点细节，让初学者了解现行国家标准的制定缘由，以免在学习工作中有所遗漏。室内外设计制图的学习要点在于勤学、勤练。勤学，是指学习这门课程要投入大量的时间和精力，不仅在正常教学时间认真学习，还要在课下反复阅读教材，将细节和要点熟记在心，最好能背诵本章第二节、第三节内容。勤练，是指要加大绘图力度，除了日常作业外，还须在其他设计课程中做严格且完整的训练，自主收集规范且优秀的设计图纸，在符合标准的前提下有所创新。

1.1 中国设计制图的发展

在文字出现以前，我国古代劳动人民就已经开始使用图形了，从而派生出象形文字。图形一直是人们认识自然，交流思想的重要工具。"仓颉作书，史皇作图"是战国时期赵国史书《世本·作篇》中提出的最早关于"图"的概念，汉代宋衷在为该书作注时，将"史皇作图"中的"图"解释为"画物象"或"图画形象"，具有一定的科学性。因此，制图是古代劳动人民的早期绘画活动。人类文明成熟以后，制图用于各种工程活动，中国古代有关制图的名词一般分为地图 (见图 1-1)、机械图、建筑图 (见图 1-2)、耕织图四个方面，其中建筑制图的影响最广，对人类社会发展起到了举足轻重的作用。

图 1-1　禹贡九州山川之图 (1185 年)　　　　图 1-2　圆明园方壶胜境平面图 (样式雷)

建筑一词的翻译，引自日本现代，在西方通称"Architecture"，拼法虽然有所差异，但都源于希腊。"Archi"意为"首领"，"tect"意为"匠人"，"Architecture"恰恰是中国的"大匠之学"、"营造学"，或称为"匠学"、"匠作学"。宋代李诫 (1035—1110 年) 奉敕编撰《营造法式》，书中的图案不称建筑图而统称图样，并依不同制度称"壕寨制度图样"、"石作制度图样"、"大木作制度图样"、"小木作制度图样"、"雕木作制度图样"、"彩画作制度图样"、"刷饰制度图样"等，可见古代建筑专业化分工在图样绘制技术上的表现。而且，《营造法式》中有关建筑制图的专业术语有"正样"、"图样"(见图 1-3)、"侧样"、"杂样"等，其定义准确，实用性强，在建筑工程技术中一直沿用至今，可见古代图样定名的科学性。

图 1-3　《营造法式》斗拱图样

此外，在古代文献中，有记载"画地成图"的事实，如《汉书·张安世传》云："安世长子千秋与霍光子禹俱为中郎将，将兵随度辽将军范明友击乌桓。还，谒大将军光。问千秋战斗方略、山川形势。千秋口对兵事，画地成图，无所忘失。光复问禹，禹不能记，曰：皆有文书。光由是贤千秋，以禹为不才，叹曰：霍氏必衰，张氏兴矣！"又有《晋书·张华传》中记载："武帝尝问汉宫室制度及建章千门万户，华应对如流，听者忘倦，画地成图，左右瞩目。帝甚以为异。"

1.1.1　古代建筑图样的种类

我国古代一直都在使用图样来表现设计对象，尤其是在建筑工程上应用最广泛，作为现代设计制图的起源，主要有以下几种形式。

1. 明堂图

明堂图是古代礼制建筑的图样。《史记·孝武本纪》："上欲治明堂奉高旁，未晓其制度，济南人公玉带上黄帝时明堂图。明堂图中有一殿，四面无壁，以茅盖，通水，圜宫垣，为复道，上有楼，从西南入，命曰昆仑，天子从之入，以拜祠上帝焉。于是上令奉高作明堂汶上，如带图。"《旧唐书·礼仪志》："稽诸古训，参以旧图，其上圆下方，复庙重屋，百虑一致，异轸同归。""汶水之上，独称汉武之图。"

2. 兆域图

兆域图为古代墓地设计图样。战国时期中山王墓出土的"兆域图"是至今世界上罕见的早期建筑图样，其线分粗细，规整划一，开制图使用线型的先河。有关建筑图的名词术语甚多，且分类详实。该兆域图还记有王命的一段铭文。《周礼·春官·小宗伯》中有"卜葬兆"之词，郑注"兆，墓茔域"；《周礼·春官·冢人》中有"掌公墓之地，辨其兆域而为之图"之句，郑注"图，谓画其地形及丘垄所处而藏之"。"兆"意为葬地。兆域图画的是中山陵的建筑图样，亦是整个陵园的设计规划。

3. 宫苑图

宫苑图是古代宫殿园林的设计图样。宋郑樵(1104—1162年)《通志略》"艺文四"所载"都城宫苑"有"唐太极大明兴庆三宫图一卷"、"洛阳京城图一卷"、"长安京城图一卷"、"东京宫禁图一卷"、"昭陵建陵一卷"等。《元史·外夷传》："大德五年二月，太傅完泽等奏，安南来使邓汝霖窃画宫苑图本，私买舆地图及禁书等物，又抄写陈言征收交趾文书，及私记北边军情及山陵等事宜，遣使持诏，责以大义。"

4. 小样图

小样图为古代建筑图。据宋人刘道醇《圣朝名画评》："刘文通，京师人，善画楼台屋木，真宗时入图画院为艺学，大中祥符初，上将营玉清昭应宫，敕文通先立小样图，然后成葺。"

5. 学堂图

学堂图为古代学校建筑图样。《旧唐书·经籍志·杂传类》有"益州文翁学堂图一卷。"此图已佚，内容不详。但文翁办学，确有其事。据《汉书·循吏传》："文翁，景帝末为蜀郡守。仁爱，好教化……又修起学宫于成都市中，招下县子弟以为学官弟子……"

6. 图本

图本为古代图样的名称。《迷楼记》载，炀帝顾诏近侍曰："今宫殿虽壮丽显敞，苦无曲房小室，幽轩短槛。若得此，则吾期老于其中也。"近侍高昌奏曰："臣有友项升，浙人也，自言能构宫室。"翌日，诏而问之。升曰："臣乞先进图本。"后数日进图，帝

我国古代制图媒介

课程贴士

我国古代制图按绘制媒介可分为壁画、版雕、绢帛画、纸张画等。以壁画留存下来的真迹较多,唐代敦煌壁画中反映古代建筑群落的建筑图(见图1-4)是盛唐时期壁画的代表作品。唐代柳宗元(773—819年)在《梓人传》中写道:"梓人,画宫于堵,盈尺而曲尽其制。计其毫厘而构大厦,无进退焉。"堵即为墙壁面

图1-4 敦煌壁画局部

积单位,将建筑图绘制在墙壁上便于保存,有相当的体量,以供观摩。印刷术推广以后,以版雕印刷形式出现的建筑图可以批量印制,版雕图一般用于表现专著。清代雍正十二年(1734年)颁布工部王允礼所撰的《工程做法则例》,该书通过印刷出版,作为全国通用建筑施工书籍,因此,绢帛、纸张成为比较普及的制图媒介。

览,大悦。又唐王建(847—918年)宫词:"教觅勋臣写画本,长将殿里作屏风。"

7. 界画

界画又称为界图,山水画家多兼善之,是中国绘画很有特色的一个门类。在作画时使用界尺来描绘建筑,画风以精确细腻而得名。界画起源很早,晋代顾恺之(344—405年)有"台榭一足器耳,难成易好,不待迁想妙得也"的话,可知他擅长此类画。到了隋唐时期,界画已经发展得相当好。而宋代可谓是全民皆画,张择端的《清明上河图》流芳百世,除了使用严谨的尺度来约束建筑形态以外,对人物表情和心态的表现也是惟妙惟肖(见图1-5、图1-6)。界画的主要绘制工具是界尺,在界画和建筑图绘制时用以作出直线和平行线。界尺就是平行尺,是一种可以平行运动的工具。传统界尺由相等的上下两尺与等长的两条木杆或铜片杆铰接而成。现保存有清代的铜质界尺,按住下尺移动上尺或改变铜杆与直尺的夹角即可得出上尺平行于下尺的许多直线,这对于绘制有大量平行直线的设计图来说十分方便(见图1-7)。

图1-5 《清明上河图》局部(张择端)

图1-6 《清明上河图》局部(张择端)

图1-7 清代铜质界尺

界　画

课程贴士

界画（见图 1-8）在我国历史上起到了举足轻重的作用，一直影响了传统绘画的表现形式，尤其是在绘画中加入界尺等操作工具的应用，具有较高的技术含量，目前在国内业界里仅有少数学者从事界画的研究和学习，绘制技法已经鲜为人知。界画作为国画技法的一种，目前在国内高校很少开设，即使是讲授、宣传也仅仅作为辅助训练，扩展学生的视野，尤其是对现代效果图表现可以将水彩等西洋画法融入到中国画中。

图 1-8　《蓬莱仙境》局部（黄球园）

现代建筑设计图纸以界画为表现形式的应用不多，清代"样式雷"对界画作了终结，在建筑制图中逐渐以轴测图着色，取代界画的应用，轴测图的绘制需要使用工具，然而仅仅只表现设计对象，尤其是建筑本身，没有界画表现中的配景和材质区分。界画的得道之处就在于即使用了绘图工具"界尺"，保持规整严谨的绘图之风，又加入了人文景观和环境氛围，极力地提高了设计对象的审美情调，这与西方设计制图当中所追求的现实主义和超现实主义极为相似，但是大大领先于西方文化。

现代计算机三维效果图能全面表达设计对象的结构、材质、色彩等要素，但是画面效果比较生硬，配置过多的环境物件，又会造成喧宾夺主，相对于传统界画而言，还是有一定的差距，不能够反映人文情怀。界画需要扩大推广，尤其是在设计制图领域，可以重新给它定义，让这种制图表现形式融入到现代设计范畴当中，使它不仅能够在一定程度上取代现代效果图，甚至还能作为独立的画种，重现于世。

1.1.2　古代制图规范与影响

设计制图所传达的信息应该能被制图者和阅图者接受，保证信息传达无误，这样就需要统一的规范。2000 多年来，中国制图学的进步就在于不断地将图形精确化、丰富化、标准规范化。

1. 文字体例

中国古代文字的书写体例，一般是自上而下、自右而左的竖写格式。近代以来，开始采用自上而下、自左而右的横写格式。中国书法的创作格式，一直保留了直书这个传统，而此传统，可一直追溯到殷商时期。

在殷商的铜器、玉器、石器等铭刻中，或在甲骨的记事刻辞里，书写格式都是自上而下、自右而左，即所谓"下行而左"书。这种形式影响到中国古代制图注字的书写。先秦以篆书为主，包括甲骨文、金文、石鼓文、六国古文、小篆等。先秦工程制图的注字的行文、文献与出土实物不多，很难进行比较。中山王"兆域图"的特点是以"哀后堂"、"王堂"、"王后堂"为正面，左右对称，而且注字字数也几乎对称。此外，将幅面各部注字逆时针旋转90°，就可看到各边的文字说明，中山王命的文字位于图面的中央，与"王堂"平面成90°的位置，下行而左。只有正中"门"的注字打破了这一注法，与"王堂"的写法一致。秦统一六国后，秦篆成为全国的标准字体。魏晋以后，隶书逐渐演变为楷书。三国时魏国张揖(227—232年)所著《广雅·释诂》中有："楷，法也。"意为楷书的本义就是遵循法则，楷书即是模范的标准，一直延续到隋唐。宋代盛行版雕印刷，刻书时所选用的字体方正匀称，后人称其为宋体。明代末期演变为横细竖粗、字形方正的印刷体，后又出现了

图1-9 《营造法式》文字体例

笔画粗细一致，讲究顿笔，挺拔秀丽，适合手写体的仿宋体，方便刻版书写。《营造法式》中所附的图样基本上都有文字标题，均位于图样右侧，自上而下，自右而左(见图1-9)。

现代建筑图的文字体例有国家标准，《房屋建筑制图统一标准》(GB/T 50001—2010)中对字体的定制提出"图样及说明中的汉字，宜采用长仿宋体"，并对不同大小文字的长宽比例提出不同标准。使用计算机制图时所用的仿宋体是依据《信息交换用汉字编码字符集　基本集》(GB 2312—1980)中的固定标准，因此在全球使用频率最高的建筑制图软件AutoCAD上可以更改标注字体的长宽比例。设计师在追求制图效率的同时也应该关注这一繁琐的操作细节。

2. 线型应用

线条是构成工程图最基本的几何要素，图形主要依靠线条来组织。图线按其用途，有不同的宽度和线型。中国古代工程制图所采用的线型一般为细实线和粗实线两种。先秦时期的工程制图中可见到两种线型并用的实例，两宋时，制图中多用一种线型，即细实线。这种图绘线型的传统，一直延续到清代末期。中国古代制图线型特点是在同一张图样中，图线的宽度基本相同；粗实线和细实线并用时，同类线型宽度应基本一致，重点突出；为了突出构件的作用，采用涂黑处理。

中国古代工程图样中所采用的线型在同一图样中，图线的宽度一致，无论粗实线与细实线都是用来描述建筑、设计器物的轮廓，其他线型不复多见，但也有一些特殊的例子，如后期翻刻的《营造法式》，大木作制度图样采用了点画线与虚线，这些线型的应用几乎与现代图线的应用如出一辙，尤其是表示檐柱中轴线及对称中心线用点画线，表示梁架不

可见部分轮廓用虚线，且虚线、点画线线段长度和间隔大致相等。除此之外，还有涂黑处理的方法，以突出构件之间的关系，这类画法也是中国古代工程制图所具特色之一。梁思成 (1901—1972 年) 对《营造法式》的图样进行分析，指出绘图所用线条不分粗细、轻重、虚实，图样都是用同样的线型绘制。限于制图工具的单一，古人难以使用同一类型的毛笔均衡地分出不同粗细的线型。

《建筑制图标准》(GB/T 50104—2010) 对建筑专业、室内设计专业制图采用的各种图线作了明确规定，均以常量 B 来定制一种粗实线的宽度，其余线型按 0.5B、0.25B 等来定制宽度。图线的宽度可以根据图纸大小和图面复杂程度来定制。

3. 幅面安排

图样的幅面安排，要根据图样本的大小规格来把握。中国古代工程图在长期实践中，形成了普遍通行的幅面形式，图样的幅面和图框的尺寸符合书籍的装帧要求。早期的工程图样尚有横式幅面，如中山王墓的"兆域图"，而后随着书籍装订的规范化，基本采用立式幅面。图样上所供绘图的范围边线，即图框线多用细实线加粗实线表示。宋代的《考古图》、《宣和博古图》(见图 1-10)，以至清代的《西清古鉴》等中的幅面形式都是立式幅面。图样的名称，如同今日所称的标题栏，都位于幅面右上方。关于幅面的安排在古代画论中多有论述，南朝齐谢赫 (生卒年不详) 在《古画品录》中所指出的"六法"对古代工程制图具有重大的影响。《四库全书总目》称："所言六法，画家宗之，至今千载不易也。""六法"中的"经营位置"就与图样绘制的幅面安排有很大关系，主要部分与随从部分的分明，画面的布置应粗细匀称，轻重分明，即所谓"体法雅媚，制置才巧"，"画体周赡，无适弗该"。唯有如此，才能保证结构的有机统一。

图 1-10　《宣和博古图》幅面形式 (1528 年)

图形只能表达物体的形状，而物体的大小还必须通过标注尺寸才能确定。制造加工时，物体的真实大小应以图样上所注的尺寸数值为依据，与图形的大小及绘图的准确度无关。中国古代工程制图尺寸的标注方法，多在图样之外，另作说明。除尺寸之外，包括技术要求和其他说明，都在所附文字说明中注明，如宋代《新仪象法要》和元代王祯《农书》中的尺寸，都是在文字说明部分注明的。

中山王墓的"兆域图"

中山王墓出土的"兆域图"铜板,一面有一对铺首,另一面有用金银镶嵌的"兆域图",即中山王墓的建筑平面示意图。此图线条清晰,金银刻嵌,相当规整。"兆域图"铜板幅面长约94cm,宽约48cm,铜板厚1cm,这是先秦时期中国工程制图利用各种线型的实例,反映了高超的图绘能力。"兆域图"上的线条准确地表达了设计者的设计概念和设计思想。幅面上的线型可分为粗实线和细实线,以区分建筑各个不同的部位,如注有"中宫垣"和"内宫垣"的台基,与注有"王堂"、"哀后堂"、"王后堂"建筑物地基位置的形状,都是用的粗实线,而注有"丘足"的台基范围,则用的是细实线。粗实线和细实线的应用使"兆域图"幅面重点突出,图面整洁,且线型均匀,交接清楚,实为工程制图使用线型的先导(见图1-11)。

图1-11 《兆域图》(约公元前310年)

4.尺度比例

比例尺亦称缩尺,是指图样中图形与物体相应要素的线性尺寸之比。比例是工程制图的基本要素,是制图过程中必须严格遵守的数学规则。应用统一的作图比例绘制图样,是设计制图数学化和精确化的重要标志,也是衡量工程制图这门学科是否达到成熟阶段和衡量其发展水平的重要标尺。

中国古代制图采用比例作图,至迟可上溯到春秋战国时代。战国的"兆域图"为我国古代工程制图应用比例提供了可靠的实物例证。根据中山王的诏令和墓地享堂的建筑遗迹,对照兆域图,发现墓地享堂的位置和大小都是根据兆域图所绘的内容按图施工的。图1-11中二堂每边长约4寸,堂间距2寸,而"兆域图"铜板上为实际长度的原注"堂方二百尺",按出土的建筑遗迹与兆域图上图形校核,可知这是按比例绘制的。唐代虞世南(558—638年)编撰的《北堂书钞》里"方丈图"中记载有"以一分为十里,一寸为百里"。《营造法式》中虽然指出"造作工匠,详悉讲究规矩,比较诸作利害,随物之大小,有增减之法",但是在该书的附图中没有标注尺寸比例,以至于后世的重刊中表述到"图样的准确性已大受影响"。直到清代《工程做法则例》和年希尧 (1671—1739 年) 编撰的《视学》中才明确比例的重要性。今天,《建筑制图标准》(GB/T 50104—2010) 指出建筑专业、室内设计专业制图选用的比例要求。室内外设计制图的门类复杂,涉及的图样范围很广,现在,在 AutoCAD 中不需要计算比例的问题,按照实际尺寸绘制即可,但是要根据不同的图面来设置不同比例尺度,力求打印出图后达到统一的效果。

5. 标准图样

样与式是中国古代工程学的表达方式之一,也是现代设计制图的重要组成部分。式样是指格式、样子、形状。样和式是中国古代科学技术与产品制造的重要表述形式,具有形象性和综合性的特点。古代科学技术中,样式能以三维空间的表现力表现工程技术和产品设计,使人们能从各个不同角度看到设计制作的形体空间乃至其周围环境,因而样式能在一定程度上弥补工程图纸的局限性。在工程实践中,许多产品与设计仅仅用图纸是难以充分表达的,不仅设计者在设计过程中要借助样与式来酝酿、推敲和完善自己的设计,同时在施工生产中,样与式也能起到产品规范和生产标准的作用。在古代的文献中有大量样与式的记载,如阁样、台样、宫样、殿样、内样、小样、木样、宅样、式样、形式、格式、方式、殿式、样式、法式、新式、旧式等等,其中法式指必须遵循的标准图样,体现出古建筑严格的等级制度和质量管理制度。

清代宫廷雷氏家族 (样式雷) 的设计样式独树一帜。样式雷图档包括的内容,门类丰富,最大量的是各个阶段的设计图纸 (见图 1-12),再就是烫样 (模型),还有相当于施工设计说明、随工日记等史料。无论是界画还是烫样,都体现出设计方案的科学性和艺术性。从中可知,运用样与式这两种表达工程技术的形式,是中国古代工程技术的历史传统。

图 1-12　清漪园行宫全图 (样式雷)

在中国古代工程技术中,法式亦指在工程技术中必须遵循的工艺程序与图样资料。如《营造法式》三十四卷,不仅是李诫考究群书,与工匠讲说,分列类例,其文系来自工作

9

样式雷,是对清代 200 多年间主持皇家建筑设计的雷姓世家的誉称。雷氏共八代人主持了圆明园、承德避暑山庄等皇家建筑设计,他们是我国古代建筑设计史、科技史上成就卓著的杰出代表和传奇。

相传，其法经久可用，而且附有图样六卷，体现古代工程技术的传统由来已久 (见图 1-13)。《营造法式》中的图样界画，工细致密，非良工不易措手，表现了法式中图的重要地位。样和式在古代科学技术中有很重要的作用。无论是机械工程中，还是建筑工程中，都采用样和式作为技术设计与生产施工的依据。

图 1-13 《营造法式》彩画图样

现今，国家针对建筑设计的细部构造出版了一系列相应的标准设计图集，对建筑的局部重点构造设计进行了严格控制，同时也大大减轻了设计师的工作负荷。大量图纸只需标明标准图样的来源即可，再由施工和监理人员去查阅，室内外设计行业有其特殊性，在设计中追求极强的创意性，不少样式的制图无据可依，造成该行业设计制图的混乱，针对这一点，有地方性行业法规出台，例如，2004 年上海市出台了《上海市建筑装饰室内设计制图统一标准》，这一标准对该地区装饰行业进行了整合，保证了设计质量和施工质量，数全国首例。

6. 制图规范的表现形式

中国传统制图所受到的限制很多，从设计者的个人素质到所处社会的人文环境，都直接影响到制图规范的宣传和普及。从历史记载文献上来看，在宋代以前，还没有一个朝代通过官方机构来统一制图规范。一直以来，制图作为一种技能存在于社会中，尤其是在我国古代，工匠的社会地位很低，世代相传的绘图技法不被人重视，工匠的绘图形式、绘图技法都只为突出设计对象的构造，在逻辑上清晰地表达层次结构，例如设定应用字体，加入图线粗细规范等。

古代制图不同于绘画创作，仅仅属于少数人掌握的专项技能，绘图的工序很复杂，需要运用界尺等工具，并且绘图的时间也很长，主要使用图纸来表现设计构造，并配置文字来说明，图文结合。以文字说明来取代的内容在一定程度上会出现理解错误，尤其是表现方位和数量的术语，容易出差错，那么应尽量学习专业术语，以免混淆，遭人误读。针对大型施工项目，古代制图规范中还设定法式、冠定名称，如正样图、侧样图、分样图等。这些名称在一定程度上方便了工匠之间的沟通，通过名称来理解图纸的表达对象，使人一目了然。

1.1.3　室内外设计制图的现况

新中国成立后，我国的建筑制图和机械制图都在学习苏联的规范模式，引进的制图规范不完整，缺少很多细节，这些细节全凭我国设计师与绘图员自主定制，影响面窄，并且没有发挥本土特色。现在，我国正处于经济蓬勃发展的上升时期，室内外设计已经成为国内一项重要的经济产业，而设计制图的状况就很不乐观了。很多设计师、绘图员长期从事单一性设计、制图工作，往往将一些错误的绘图方式长期"熟记"在心，擅自"创造"出不同版本的绘制细节，造成习惯性错误，既不便修改，也不便传阅，由此长期影响本行业其他人员，如施工员、客户和新参加工作的设计师等。

1. 常见制图问题

(1) 图纸结构复杂　每张图纸虽然包括 1 ～ 2 个施工立面，但是构造节点图、大样图等需另附图纸，查阅时要考虑图纸的逻辑顺序，不利于深入理解设计创意。对于业务素质一般的项目经理和施工员而言，正确、完整地阅读图纸就有很大困难了，极易发生理解上的错误。

(2) 制图形式单一　现有的装饰设计图纸基本上是白纸黑线图，少数制图软件虽然提供色彩与纹理配置，但操作复杂，绘图效率低，经济效益较小。除了设计师、项目经理、施工员，现在有更多的受众对象，如使用者、投资者及广大群众，希望能读懂图纸，从而发表自己的意见 (见图 1–14)。

图 1–14　咖啡厅设计方案图

(3) 图面内容繁琐　图纸上的尺度标注、文字标注十分机械化，标注引线和文字在图面中相互穿插，容易影响正确识图，审核者和阅读者需要消耗大量的时间和精力来读懂图纸，这对设计人员和消费者的耐心是一种严峻的考验。

(4) 甲乙双方沟通困难　专业性很强的设计制图只在少数设计师与施工员之间沟通，有设计需求的消费者很难读懂，因而需要提高设计成本，另附多张彩色效果图。严谨、专业的图纸反而成为设计、施工交流的障碍。

2. 室内外设计制图的研究

既要丰富表现效果，还要绘出设计构造的具体形态，这是现代室内外设计制图的主要要求。清代《视学》出版后，不仅对透视提出了规范要求，还阐述了多种作图方法、多种例图，能适应各种场合和各种对象的描绘，其作图方法沿用至今。这也反映了现代室内外设计制图需要有所创新。

室内外设计制图能清晰表达设计构造，采用简洁的图示与图标，渲染设计对象的色彩和质感，图面美观多样，通俗易懂，绘制成本低廉，操作方便快捷，容易修改，能为大多数人所接受。当今的室内外设计制图源于建筑制图，是社会进步后行业分工的产物。目前，室内外设计制图按应用方面总体分为方案图、施工图和竣工图三种。

(1) 方案图　用于初步表达设计理念及风格样式的图纸，表现较为简洁，视觉效果明确。方案图在室内外设计领域属于前期图纸，图纸所表达的设计内容需要得到主管部门和客户的认可，要求图面美观、新颖，能遵循大众的审美特点，这一类图纸一般包括三视图和透视效果图。目前，国内发达城市提出设计方案不再局限于二维图纸，通过计算机软件制作出与二维图纸相对应的三维模型、动画，配置语音介绍和动态文字说明，设计方案的效果立竿见影，这让他们在商业招投标中屡屡胜出，甚至不少从事专业设计的企业、个人都纷纷转行，投身于方案图表现。

(2) 施工图　它可以认定是方案图的扩展，用于指导工程施工的图纸，绘制详细，很好地表达了局部的构造设计。施工图的绘制很典型，很传统，白纸黑线所表达的构造非常清晰，图量大，配套全面，能很好地应用于工程施工，我们可以认为施工图是工程实施的说明书。目前，国内绘制施工图主要采用 AutoCAD 制图软件，设计师或绘图员在绘制这类图纸时需要消耗大量时间来使线条与尺度完美结合，识图也需要经过专业培训，设计师与施工员需要有很好的默契 (见图 1–15)。

(3) 竣工图　工程完成后根据实际完工的形态绘制的图纸，用于存档和工程的后期维护使用。竣工图是室内外设计的保障书，在工程完工后，需要对最终形态和使用方法作出详细规定，一方面可以指导工程的受众正确使用设计成果，另一方面也是工程双方的责权申明。

室内外设计制图有自身的特点，却一贯延续土木建筑制图的相关规范，难以发挥自身的特色。制图的研究要能够填补国内空白，着实指导设计师与客户交流、设计师与施工员交流。在现有的行业规范体系下，开发出更多形式的制图，并沿用中国传统的图学原理，

浅米色乳胶漆墙面

紫红色聚晶玻璃
5mm厚玻璃镜面

20mm不锈钢方管

黑金砂大理石台面
金碧辉煌大理石
黑金砂大理石踢脚线

台上盆

15mm厚冰裂纹玻璃

1.2mm厚不锈钢装饰边框

图 1-15　卫生间洗手台施工图

能将现代制图多样化、立体化、唯美化，提高行业水平，发挥设计的影响力和推动力，促进室内外设计行业的健康发展。

在室内外设计制图的研究中，依靠对设计市场的深入调查，将调查信息反馈至设计师和绘图员，经过研究和尝试，推出全新的制图形式。广泛收集设计师、客户、施工员三方对设计图的态度和意见，绘制抽样调查表格，总结各种人群的相关建议，作出相关形式的设计图，并与我国传统制图形式相比较，总结优点，纠正缺点。经过缜密分析后，推出几种新的设计制图形式，尤其是推出模式化的系列图纸来满足行业发展的需求。

1.2　国家制图标准

室内外设计制图一直延用建筑工程制图标准，为了使制图基本统一，确保图纸质量，提高绘图效率，做到图面清晰简明，并符合设计、施工和存档的要求，住房与城乡建设部会同有关部门对原有的 6 项制图标准进行了修订，这些标准于 2011 年 3 月 1 日开始实施，分别是：《房屋建筑制图统一标准》(GB/T 50001—2010)、《总图制图标准》(GB/T 50103—2010)、《建筑制图标准》(GB/T 50104—2010)、《建筑结构制图标准》(GB/T 50105—2010)、《建筑给水排水制图标准》(GB/T 50106—2010)、《暖通空调制图标准》(GB/T 50114—2010)，它们兼顾手工制图与计算机制图二者的需要。

室内外设计制图主要包括规划图、平面图、顶面图、给排水图、电气图、暖通图、立面图、剖面图、构造节点图、大样图、轴测图、装配图等常用图纸。通常，这些图纸又称为装饰装修工程设计图，它们是利用简洁明晰的图形、线条、数字和符号等形式在纸面上表达特定的语言，用来表述设计构思、艺术观点、空间排布、装修构造，通过造型、饰面、尺度、选材、细部处理等方面准确体现工程方案，要求内容全面而详尽。它是实施设计与施工所涉及的甲、乙、丙各方所必须共识的专业技术交往文件，一旦认定即须按图施工，不受时间变迁的影响并且不再容许口头更改。同时，它也是确定设计工程造价的重要依据，施工单位必须按图纸办理竣工验收结算。

室内外设计制图，应以国家标准为依据，以保证图纸与土建制图相衔接，便于识读、审核和管理。国家标准制图系列的原则既适用于建筑专业的制图规则，也适用于室内外设计专业的制图规则。由于室内外设计工程所涉及的专业范围较广，所以在施工图中常出现建筑制图、家具制图、机械制图和装饰性图案等多种画法并存的现象。鉴于这些特点，设计师与绘图员应该具备较熟练的识图能力，以确切领悟设计图纸的各种表达意义，在具体操作中完整地体现设计意图，并对技术和艺术作完美化处理。

建筑结构及室内外等工程图纸的基本要素，主要有图纸幅面规格、图线、字体、比例、符号、定位轴线、图例和尺寸标注等，应符合《房屋建筑制图统一标准》(GB/T 50001—2010) 的有关规定，该标准可适用于三大类工程制图：新建、改建、扩建工程的各阶段设计图及竣工图；原有建筑物、构筑物和总平面的实测图；通用设计图和标准设计图。

1.2.1 图纸的幅面规格

为了合理使用图纸，便于装订和管理，设计师或绘图员根据所画图样的大小来选定图纸的幅面，选用图纸的原则是保证设计创意能清晰地被表达，此外，还要考虑全部图纸的内容，注重绘图成本。图纸的幅面规格应符合表 1-1 的规定，表中 B 与 L 分别代表图纸幅面的短边和长边的尺寸，在制图中须特别注意。

表 1-1　幅面及图框尺寸 (mm)

尺 寸 代 号	幅 面 代 号				
	A0	A1	A2	A3	A4
B × L	841 × 1189	594 × 841	420 × 594	297 × 420	210 × 297
C	10			5	
A	25				

需要微缩复制的图纸，其一边上应附有一段准确米制尺度，四个边上均应附有对中标志，米制尺度的总长应为 100 mm，分格应为 10 mm。对中标志应画在图纸各边长的中点处，线宽应为 0.35 mm，伸入框内 5 mm。图纸的短边一般不应加长，长边可以加长，但应符合表 1-2 的规定。

表 1-2　图纸长边加长尺寸 (mm)

幅面尺寸	长边尺寸	长边加长后尺寸						
A0	1189	1486	1635	1783	1932	2080	2230	2378
A1	841	1051	1261	1471	1682	1892	2102	
A2	594	743	891	1041	1189	1338	1486	1635
A2	594	1783	1932	2080				
A3	420	630	841	1051	1261	1471	1682	1892

注: 有特殊需要的图纸, 可采用 B×L 为 841 mm×891 mm 与 1189 mm×1261 mm 的幅面

　　图纸以短边作为垂直边称为横式, 以短边作为水平边称为立式。一般 A0 ～ A3 图纸宜横式使用, 必要时, 也可立式使用 (见图 1-16、图 1-17), A4 幅面也可以采用立式图框 (见图 1-18、图 1-19)。在同一项设计中, 每个专业所使用的图纸, 一般不宜多于两种幅面, 最好能都统一为一种幅面。

图 1-16　A0 ～ A3 横式幅面图纸

图 1-17　A0 ～ A3 横式幅面图纸

图 1-18　A0 ～ A4 立式幅面图纸

图 1-19　A0 ～ A4 立式幅面图纸

图纸标题栏与会签栏是图纸的重要信息传达部位，标题栏通常被简称为"图标"，它与会签栏及装订边的位置一般要符合横式图纸与立式图纸两种使用需求，标题栏应根据工程需要确定其尺寸、格式及分区(见图 1-20、图 1-21)。涉外工程的标题栏内，各项主要内容的中文下方应附有译文，设计单位的上方或左方，应加"中华人民共和国"字样。会签栏的尺寸应为 100 mm×20 mm，栏内应填写会签人员所代表的专业、姓名、日期(年、月、日)。一个会签栏不够时，可以另加一个，两个会签栏应并列，不需会签栏的图纸可以不设会签栏。

图 1-21　横式标题栏

图 1-20　立式标题栏

1.2.2　图线

设计图都是由形式和宽度不同的图线绘制而成，使图面主次分明、形象清晰、易读易懂。对于表示不同内容的线条，其宽度(称为线宽)应相互形成一定的比例。一幅图纸中最大的线宽(粗线)宽度代号为 B，其取值范围要根据图形的复杂程度及比例大小而酌情确定。选定了线宽系列中的粗线宽度为 B，中线为 0.5B、细线为 0.25B。图线的宽度 B，宜从 0.35 mm、0.5 mm、0.7 mm、1.0 mm、1.4 mm、2.0 mm 的线宽系列中选取。对于每个图样，应根据其复杂程度、比例大小和图纸幅面来确定，先选定基本线宽 B，再选用表 1-3 中相应的线宽组。

表 1-3　图线的线宽组

线宽比	线宽组 (mm)					
B	2.0	1.4	1.0	0.7	0.5	0.35
0.5B	1.0	0.7	0.5	0.35	0.25	0.18
0.25B	0.5	0.35	0.25	0.18	—	—

注：1. 需要微缩的图纸，不宜采用 0.18 mm 及更细的线宽；
　　2. 同一张图纸内，相同比例的各图样，应选用相同的线宽组；
　　3. 同一张图纸内，各不同线宽中的细线，可统一采用较细的线宽组的细线。

一般制图，应选用表 1-4 所示的图线。图纸的图框、标题栏和会签栏，可采用表 1-5 的线宽。相互平行的图线，其间隙不宜小于其中的粗线宽度，且不宜小于 0.7 mm。

虚线、单点长画线或双点长画线的线段长度和间隙，宜各自相等。单点长画线或双点长画线，当在较小图形中绘制有困难时，可用实线代替。单点长画线或双点长画线的两端，不应是点。点画线与点画线交接时，或是点画线与其他图线交接时，均应是线段交接。虚线与虚线交接时，或是虚线与其他图线交接时，应是线段交接(见表 1-6)。虚线为实线的

表 1-4　图线

名　称		线　型	线　宽	一　般　用途
实线	粗		B	主要可见轮廓线
	中粗		0.7B	可见轮廓线
	中		0.5B	可见轮廓线、尺寸线、变更云线
	细		0.25B	图例填充线、家具线
虚线	粗		B	见各有关专业制图标准
	中粗		0.7B	不可见轮廓线
	中		0.5B	不可见轮廓线、图例线
	细		0.25B	图例填充线、家具线
单点长画线	粗		B	见各有关专业制图标准
	中		0.5B	见各有关专业制图标准
	细		0.25B	中心线、对称线、轴线等
双点长画线	粗		B	见各有关专业制图标准
	中		0.5B	见各有关专业制图标准
	细		0.25B	假想轮廓线、成型前原始轮廓线
折断线	细		0.25B	断开界线
波浪线	细		0.25B	断开界线

表 1-5　图框、标题栏和会签栏的线宽（mm）

幅面代号	图　框　线	标题栏外框线	标题栏分格线、会签栏线
A0,A1	1.4	0.7	0.35
A2,A3,A4	1.0	0.7	0.35

表 1-6　图线相交的画法

序号	图线相交情况	正　确	不　正　确
1	两粗实线或两虚线相交		
2	虚线与虚线或其他图线相交		
3	虚线是实线的延长线		
4	两单点长画线相交		

延长线时，不得与实线连接。图线不得与文字、数字或符号重叠、混淆，不可避免时，应首先保证文字等的清晰。

1.2.3 字体

图纸上所需书写的文字、数字或符号等，均应笔画清晰、字体端正、排列整齐。字宽为字高的 2/3(见图 1–22)，标点符号应清楚、正确。图纸上书写的文字的字高，应从 3.5 mm、5 mm、7 mm、10 mm、14 mm、20 mm 六级中选用 (见表 1–7)。如需书写更大的字，其高度应按 $\sqrt{2}$ 的比率递增。

图 1-22 长仿宋字体

表 1-7 长仿宋体的字高与字宽

字体	尺寸 (mm)					
字高	20	14	10	7	5	3.5
字宽	14	10	7	5	3.5	2.5

1. 汉字

图样及说明中的汉字，宜采用长仿宋体。大标题、图册封面、地形图等所用汉字，也可书写成其他字体，但应易于辨认。汉字的简化字书写，必须符合国务院公布的《汉字简化方案》和有关规定。

2. 字母和数字

拉丁字母、阿拉伯数字与罗马数字的书写与排列，应符合表 1–8 的规定。拉丁字母、阿拉伯数字与罗马数字如果需要写成斜体字，其倾斜角度应是从字的底线逆时针向上倾斜 75°。斜体字的高度和宽度应与相应的直体字相等。拉丁字母、阿拉伯数字与罗马数字的字高，应不小于 2.5 mm。

表 1-8 拉丁字母、阿拉伯数字与罗马数字的书写规则

书 写 格 式	一 般 字 体	窄 字 体
大写字母高度	H	H
小写字母高度 (上下均无延伸)	$7/10\,H$	$10/14\,H$
小写字母伸出的头部或尾部	$3/10\,H$	$4/14\,H$
笔画宽度	$1/10\,H$	$1/14\,H$
字母间距	$2/10\,H$	$2/14\,H$
上下行基准线最小间距	$15/10\,H$	$21/14\,H$
词间距	$6/10\,H$	$6/14\,H$

数量的数值注写，应采用正体阿拉伯数字。各种计量单位凡前面有量值的，均应采用国家颁布的单位符号注写。单位符号应采用正体字母。分数、百分数和比例数的注写，应采用阿拉伯数字和数学符号，例如：四分之三、百分之二十五和一比二十应分别写成 3/4、25%、1：20。当注写的数字小于 1 时，必须写出个位的"0"，小数点应采用圆点，齐基准线书写。

1.2.4 比例

图样的比例，应为图形与实物相对应的线性尺寸之比。比例的大小，是指其比值的大小，如 1：50、1：100。比例宜注写在图名的右侧，字的基准线应取平；比例的字高宜比图名的字高小一号或二号 (见图 1-23)。绘图所用的比例，应根据图样的用途与被绘对象的复杂程度，并优先采用常用比例 (见表 1-9)。一般情况下，一个图样应选用一种比例，根据专业制图需要，同一图样可选用两种比例，特殊情况下也可自选比例，这时除应标注出绘图比例外，还必须在适当位置绘制出相应的比例尺。

图 1-23 比例的注写

表 1-9 绘图所用的比例

常用比例	1：1, 1：2, 1：5, 1：10, 1：20, 1：50, 1：100, 1：150, 1：200, 1：500, 1：1000, 1：2000
可用比例	1：3, 1：4, 1：6, 1：15, 1：25, 1：30, 1：40, 1：60, 1：80, 1：250, 1：300, 1：400, 1：600, 1：5000, 1：10000, 1：20000, 1：50000, 1：100000, 1：200000

1.2.5 符号

1. 剖切符号

剖视的剖切符号应由剖切位置线及投射方向线组成，均应以粗实线绘制。剖切位置线宜为 6 ~ 10 mm；投射方向线应垂直于剖切位置线，长度应短于剖切位置线，宜为 4 ~ 6 mm(见图 1-24)。绘制时，剖视的剖切符号不应与其他图线相接触。剖视剖切符号的编号宜采用阿拉伯数字，按顺序由左至右、由下至上连续编排，并应注写在剖视方向的端部。需要转折的剖切位置线，应在转角的外侧加注与该符号相同的编号。建 (构) 筑物剖面图的剖切符号，宜注在 ±0.00 标高的平面图上。

断面的剖切符号应只用剖切位置线表示，并应以粗实线绘制，长度宜为 6 ~ 10 mm。断面剖切符号的编号宜采用阿拉伯数字，按顺序连续编排，并应注写在剖切位置线的一侧，编号所在的一侧应为该断面剖视方向 (见图 1-25)。剖面图或断面图如与被剖切图样不在

图 1-24　剖视的剖切符号　　　　　　　　　图 1-25　断面的剖切符号

同一张图内，可在剖切位置线的另一侧注明所在图纸的编号，也可在图上集中说明。

2. 索引符号和详图符号

图样中的某一局部或构件，如需另见详图，应以索引符号索引。索引符号由直径为 10 mm 的圆和水平直径组成，圆及水平直径均应以细实线绘制 (见图 1-26(a))。索引出的详图，如果与被索引的图样同在一张图纸内，应在索引符号的上半圆中用阿拉伯数字注明该详图的编号，并在下半圆中间画一段水平细实线 (见图 1-26(b))；如果与被索引的图样不在同一张图纸内，应在索引符号的上半圆中用阿拉伯数字注明该详图的编号，在索引符号的下半圆中用阿拉伯数字注明该详图所在图纸的编号 (见图 1-26(c))，数字较多时，可加文字标注；如果采用标准图，应在索引符号水平直径的延长线上加注该标准图册的编号 (见图 1-26(d))。

索引符号如用于索引剖视详图，应在被剖切的部位绘制剖切位置线，并以引出线引出索引符号，引出线所在的一侧应为投射方向 (见图 1-27)。零件、钢筋、杆件、设备等的编号，以直径为 4 ～ 6 mm(同一图样应保持一致) 的细实线圆表示，其编号应用阿拉伯数字按顺序编写 (见图 1-28)。

(a)　　　　　　　(b)　　　　　　　(c)　　　　　　　(d)

图 1-26　索引符号

(a)　　　　　　　(b)　　　　　　　(c)　　　　　　　(d)

图 1-27　用于索引剖面详图的索引符号

详图的位置和编号，应以详图符号表示。详图符号的圆，应以直径为 14 mm 的粗实线绘制。详图与被索引的图样同在一张图纸内时，应在详图符号内用阿拉伯数字注明详图的编号 (见图 1-29)。详图与被索引的图样不在同一张图纸内，应用细实线在详图符号内画一水平直径，在上半圆中注明详图编号，在下半圆中注明被索引图纸的编号 (见图 1-30)。

图 1-28　零件、钢筋等的编号

图 1-29　与被索引图样同在一张图纸内的详图符号

图 1-30　与被索引图样不在同一图纸内的详图符号

3. 引出线

引出线应以细实线绘制，宜采用水平方向的直线，与水平方向成 30°、45°、60°、90° 的直线，或经上述角度再折为水平线。文字说明宜注写在水平线的上方，或注写在水平线的端部。索引详图的引出线，应与水平直径相连接 (见图 1-31)。同时引出几个相同部分的引出线，宜相互平行，也可画成集中于一点的放射线 (见图 1-32)。多层构造或多层管道共用的引出线应通过被引出的各层。文字说明的顺序应由上至下，并应与被说明的层次相互一致；如层次为横向排序，则由上至下的说明顺序应与自左至右的层次相互一致 (见图 1-33)。

图 1-31　引出线

图 1-32　共同引出线

4. 其他符号

这里主要包括对称符号、连接符号和指北针。对称符号 (见图 1-34) 由对称线和两端的两对平行线组成，对称线用细点画线绘制，平行线用细实线绘制，其长度宜为 6 ~ 10 mm，每对的间距宜为 2 ~ 3 mm，对称线垂直平分于两对平行线，两端超出平行线宜为 2 ~ 3 mm。连接符号应以折断线表示需连接的部位 (见图 1-35)，两部位相距过远时，折断线两端靠图样一侧应标注大写拉丁字母表示连接编号，两个被连接的图样必须用相同的字母编号。指北针中圆的直径宜为 24 mm，用细实线绘制，指针尾部的宽度宜为 3 mm，指针头部应注"北"或"N"字(见图 1-36)。需绘制较大指北针时，指针尾部宽度宜为直径的 1/8。

图 1-33　多层构造引出线　　图 1-34　对称符号　　图 1-36　指北针

（图 1-35　连接符号）

1.2.6　定位轴线

定位轴线应用细点画线绘制，一般应编号，编号注写在轴线端部的圆内，圆应用细实线绘制，直径为 8 ~ 10 mm。定位轴线圆的圆心，应在定位轴线的延长线上或延长线的折线上。

1. 定位轴线的编号

平面图上定位轴线的编号，宜标注在图样的下方与左侧。横向编号应用阿拉伯数字，从左至右顺序编写，竖向编号应用大写拉丁字母，从下至上顺序编写(见图 1-37)。拉丁字母的 I、O、Z 不得用做轴线编号，如字母数量不够使用，可增用双字母或单字母加数字注脚，如 A_A、B_A……Y_A 或 A_1、B_1……Y_1。组合较复杂的平面图中定位轴线也可采用分区编号(见图 1-38)，编号的注写形式应为"分区号—该分区编号"，分区号采用阿拉伯数字或大写拉丁字母表示。

图 1-37　定位轴线的编号顺序

图 1-38　定位轴线的分区编号

2. 附加定位轴线的编号

附加定位轴线的编号应以分数形式表示，并应按下列规定编写。两根轴线间的附加轴线，应以分母表示前一轴线的编号，分子表示附加轴线的编号，编号宜用阿拉伯数字顺序编写。例如：

$\frac{1}{2}$　表示 2 号轴线之后附加的第一根轴线；

$\frac{3}{C}$　表示 C 号轴线之后附加的第三根轴线。

1 号轴线或 A 号轴线之前的附加轴线的分母应以 0A 或 01 表示。例如：

$\frac{1}{01}$　表示 1 号轴线之前附加的第一根轴线；

$\frac{3}{0A}$　表示 A 号轴线之前附加的第三根轴线。

3. 其他图样轴线的编号

一个详图适用于几根轴线时，应同时注明各有关轴线的编号 (见图 1-39)。通用详图中的定位轴线，应只画图，不注写轴线编号。圆形平面图中定位轴线的编号，其径向轴线宜用阿拉伯数字表示，从左下角开始，按逆时针顺序编写；其圆周轴线宜用大写拉丁字母表示，从外向内顺序编写 (见图 1-40)。折线形平面图中定位轴线的编号，按图 1-41 的形式编写。

图 1-39　详图轴线编号

图 1-40　圆形平面定位轴线的编号　　　　图 1-41　折线形平面定位轴线的编号

1.2.7　尺寸标注

1.尺寸界线、尺寸线及尺寸起止符号

图样上的尺寸组成包括尺寸界线、尺寸线、尺寸起止符号和尺寸数字(见图 1-42)。尺寸界线应用细实线绘制，一般应与被注长度垂直，其一端应离开图样轮廓线不小于 2 mm，另一端宜超出尺寸线 2～3 mm。图样轮廓线亦可用作尺寸界线(见图 1-43)。尺寸线应用细实线绘制，应与被注长度平行。图样本身的任何图线均不得用作尺寸线。尺寸起止符号一般用中粗斜短线绘制，其倾斜方向应与尺寸界线成顺时针 45°，长度宜为 2～3 mm。半径、直径、角度和弧长的尺寸起止符号，宜用箭头表示(见图 1-44)。

图 1-42　尺寸的组成

图 1-43　尺寸界线

图 1-44　箭头尺寸起止符号

2. 尺寸数字

图样上的尺寸应以尺寸数字为准，不得从图上直接量取。图样上的尺寸单位，除标高及总平面以米 (m) 为单位外，均以毫米 (mm) 为单位。尺寸数字的方向，应按图 1-45(a) 的规定注写。若尺寸数字在 30° 斜线区内，宜按图 1-45(b) 的形式注写。尺寸数字一般应依据其方向注写在靠近尺寸线的上方中部。若没有足够的注写位置，最外边的尺寸数字可注写在尺寸界线的外侧，中间相邻的尺寸数字可错开注写 (见图 1-46)。

图 1-45 尺寸数字的注写方向

图 1-46 尺寸数字的注写位置

3. 尺寸的排列与布置

尺寸宜标注在图样轮廓以外，不宜与图线、文字及符号等相交 (见图 1-47)。互相平行的尺寸线，应从被注写的图样轮廓线由近向远整齐排列，较小的尺寸应离轮廓线较近，较大的尺寸应离轮廓线较远 (见图 1-48)。图样轮廓线以外的尺寸界线，距图样最外轮廓之间的距离，不宜小于 10 mm。平行排列的尺寸线的间距，宜为 7 ~ 10 mm，并保持一致 (见图 1-47)。总尺寸的尺寸界线应靠近所指部位，中间的分尺寸的尺寸界线可稍短，但其长度应相等 (见图 1-48)。

图 1-47 尺寸数字的注写   图 1-48 尺寸的排列

4. 半径、直径、球的尺寸标注

半径尺寸线应一端从圆心开始，另一端画箭头指向圆弧。半径数字前应加注半径符号"R"(见图 1-49)。较小圆弧的半径，可按图 1-50 的形式标注。较大圆弧的半径，可按图 1-51 的形式标注。标注圆的直径尺寸时，直径数字前应加直径符号"ϕ"。在圆内标注的尺寸线应通过圆心，两端画箭头指至圆弧 (见图 1-52)。较小圆的直径尺寸，可标注在圆外 (见图 1-53)。标注球的半径尺寸时，应在尺寸数字前加注符号"SR"。标注球的直径尺寸时，应在尺寸数字前加注符号"$S\phi$"。注写方法与圆弧半径和圆直径的尺寸标注方法相同。

图 1-49 半径标注方法　　　　图 1-50 小圆弧半径的标注方法

图 1-51 大圆弧半径的标注方法

图 1-52 圆直径的标注方法　　　　图 1-53 小圆直径的标注方法

5. 角度、弧度和弧长的标注

角度的尺寸线，应以圆弧表示，该圆弧的圆心应是该角的顶点，角的两条边为尺寸界线。起止符号应以箭头表示，若没有足够位置画箭头，可用圆点代替，角度数字应按水平方向注写 (见图 1-54)。标注圆弧的弧长时，尺寸线应以与该圆弧同心的圆弧线表示，尺寸界线应垂直于该圆弧的弦，起止符号用箭头表示，弧长数字上方应加注圆弧符号"⌒"(见图 1-55)。标注圆弧的弦长时，尺寸线应以平行于该弦的直线表示，尺寸界线应垂直于该弦，起止符号用中粗斜短线表示 (见图 1-56)。

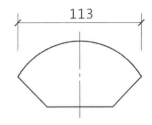

图 1-54 角度标注方法　　图 1-55 弧长标注方法　　图 1-56 弦长标注方法

6. 薄板厚度、正方形、坡度、曲线等标注

在薄板板面标注板厚尺寸时，应在厚度数字前加注厚度符号"t"（见图 1-57）。正方形的尺寸标注，可用"边长 × 边长"的形式；也可在边长数字前加正方形符号"□"（见图 1-58）。坡度标注时，应加注坡度符号"→"［（见图 1-59(a)、(b)］，该符号为单面箭头，箭头应指向下坡方向。坡度也可用直角三角形的形式标注［见图 1-59(c)］所示。外形为非圆曲线的构件，可用坐标形式标注尺寸（见图 1-60）。复杂的图形，可用网格形式标注尺寸（见图 1-61）。

图 1-57 薄板厚度标注方法　　　　　图 1-58 标注正方形尺寸

（a）　　　　　（b）　　　　　（c）

图 1-59 坡度标注方法

图 1-60 坐标法标注曲线尺寸　　　　图 1-61 网格法标注曲线尺寸

正确运用国家制图标准

目前，我国正在使用的制图标准很多，如《房屋建筑制图统一标准》(GB/T 50001—2010)、《总图制图标准》(GB/T 50103—2010)、《建筑制图标准》(GB/T 50104—2010)，这三套标准为室内外设计制图常用标准，它们的内容基本相同，但是也有很多细节存在矛盾。我们在日常学习和工作中一般应该以《房屋建筑制图统一标准》(GB/T 50001—2010) 为基本标准，认真分析所绘图纸的特点，在国家标准没有定制的方面进行灵活、合理地自由发挥，不能被标准所限制，影响设计师表述思想。

为了方便学习和工作，应该将上述三套国家标准时常带在身边，遇到不解或遗忘时可以随时查阅，保证制图的规范性和正确性。

7.尺寸的简化标注

杆件或管线的长度，在单线图(桁架简图、钢筋简图、管线简图等)上，可直接将尺寸数字沿杆件或管线的一侧注写(见图1-62)。连续排列的等长尺寸，可用"个数×等长尺寸＝总长"的形式标注(见图1-63)。构配件内的构造因素(例如孔、槽等)如相同，可仅标注其中一个因素的尺寸(见图1-64)。对称构配件采用对称省略画法时，该对称构配件的尺寸线应超过对称符号，仅在尺寸线一端画尺寸起止符号，尺寸数字按整体全尺寸注写，其注写位置与对称符号对齐(见图1-65)。两个形体相似的构配件只有个别尺寸数字不同时，可在同一图样中将其中一个构配件的不同尺寸数字注写在括号内，该构配件的名

图1-62 单线图尺寸标注方法

图1-63 等长尺寸简化标注方法

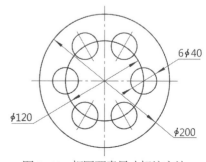

图1-64 相同要素尺寸标注方法

称也应写在相应的括号内 (见图 1-66)。数个构配件，如仅某些尺寸不同，这些变化的尺寸数字可用拉丁字母注写在同一图样中，另列表写明其具体尺寸 (见图 1-67)。

图 1-65　对称构件尺寸标注方法　　　　　图 1-66　相似构件尺寸标注方法

构件编号	a	b	c
Z-1	200	200	200
Z-2	250	450	200
Z-3	200	450	250

图 1-67　相似构配件尺寸表格式标注方法

8. 标高

标高符号应以直角等腰三角形表示，按图 1-68(a) 所示形式用细实线绘制；如标注位置不够，也可按图 1-68(b) 所示形式绘制。标高符号的具体画法如图 1-68(c)、(d) 所示。总平面图室外地坪标高符号，宜用涂黑的三角形表示 [见图 1-69(a)]，具体画法见图 1-69(b)。标高符号的尖端应指至被注高度的位置，尖端一般向下，也可向上。标高数字应注写在标高符号的左侧或右侧 (见图 1-70)。标高数字应以米为单位，注写到小数点以后第三位，在总平面图中，可注写到小数点以后第二位。

零点标高应注写成 ±0.000，正数标高无须注 "+"，负数标高应注 "－"，例如：3.000、－0.600。在图样的同一位置需表示几个不同标高时，标高数字可按图 1-71 的形式注写。

L—取适当长度注写标高数字；H—根据需要取适当高度

图 1-68　标高符号

(a)	(b)		

图 1-69　总平面图室外地坪标高符号　　图 1-70　标高的指向　　图 1-71　同一位置注写多个标高数字

1.3　图例识别与应用

为了方便识别，设计制图都有相应的图例，在室内外设计制图中也需要用到建筑制图中的部分图例，这些图例来自国家制图标准，本节节选了《房屋建筑制图统一标准》(GB/T 50001—2010) 和《建筑制图标准》(GB/T 50104—2010) 中的部分图例，它们的适用性很广，能满足室内外设计制图的大多数需要。关于其他种类的制图，如总平面图、给排水图、电气图、暖通图中的图例，见后面相关章节。

《房屋建筑制图统一标准》(GB/T 50001—2010) 中只规定常用建筑材料的图例画法，对其尺度比例不作具体规定。使用时，应根据图样大小而定。图例线应间隔均匀，疏密适度，做到图例正确，表示清楚。不同品种的同类材料使用同一图例时，如某些特定部位的石膏板必须注明是防水石膏板时，应在图上附加必要的说明。两个相同的图例相接时，图例线宜错开或使倾斜方向相反 (见图 1-72)。两个相邻的涂黑图例之间，如混凝土构件、金属件，应留有空隙，其宽度不得小于 0.7 mm(见图 1-73)。

一张图纸内的图样只用一种图例时，或图形较小无法画出建筑材料图例时，可不加图例，但应加文字说明。需画出的建筑材料图例面积过大时，可在断面轮廓线内，沿轮廓线作局部表示 (见图 1-74)。当选用国家标准中未包括的建筑材料时，可自编图例，但不得与国家标准所列的图例重复。绘制时，应在适当位置画出该材料图例，并加以说明。

图 1-72　相同图例相接时的画法　　图 1-73　相邻涂黑图例的画法　　图 1-74　局部表现图例

常用建筑材料应按表 1-10 所示图例画法绘制。《建筑制图标准》(GB/T 50104—2010) 中规定的构造及配件图例见表 1-11。

表 1-10　常用建筑材料图例

序号	名　　称	图　　例	备　　注
1	自然土壤		包括各种自然土壤

序号	名　称	图　例	备　注
2	夯实土壤		
3	砂、灰土		靠近轮廓线部位画较密的点
4	砂砾石、碎砖 三合土		
5	石材		
6	毛石		
7	普通砖		包括实心砖、多孔砖、砌块等砌体； 断面较窄不易绘出图例线时，可涂红
8	耐火砖		包括耐酸砖等砌体
9	空心砖		指非承重砖砌体
10	饰面砖		包括铺地砖、马赛克、陶瓷锦砖、人造大理石等
11	焦渣、矿渣		包括与水泥、石灰等混合而制成的材料
12	混凝土		①本图例指能承重的混凝土及钢筋混凝土； ②包括各种强度等级、骨料、添加剂的混凝土； ③断面图形小，不易画出图例线时，可涂黑
13	钢筋混凝土		
14	多孔材料		包括水泥珍珠岩、沥青珍珠岩、泡沫混凝土、非承重加气混凝土、软木、蛭石制品等
15	纤维材料		包括矿棉、岩棉、玻璃棉、麻丝、木丝板、纤维板等
16	泡沫塑料材料		包括聚苯乙烯、聚乙烯、聚氨酯等多孔聚合物类材料

31

序号	名　称	图　例	备　注
17	木材		①上图为横断面，上左图为垫木、木砖或木龙骨材料图例； ②下图为纵断面
18	胶合板		应注明为×层胶合板及特种胶合板名称
19	石膏板		包括圆孔、方孔石膏板及防水石膏板等
20	金属		①包括各种金属； ②图形小时，可涂黑
21	网状材料		①包括金属、塑料网状材料； ②应注明具体材料名称
22	液体		应注明具体液体名称
23	玻璃		包括平板玻璃、磨砂玻璃、夹丝玻璃、钢化玻璃、中空玻璃、加层玻璃、镀膜玻璃等
24	橡胶		
25	塑料		包括各种软、硬塑料及有机玻璃等
26	防水材料		构造层次多或比例大时，采用上面图例
27	粉刷		本图例采用较稀疏的点

注：序号1、2、5、7、8、13、14、18、19、20、24、25图例中的斜线、短斜线、交叉斜线等，一律为45°

表1-11　构造及配件图例

序号	名　称	图　例	备　注
1	墙体		应加注文字或填充图例表示墙体材料，在项目设计图纸说明中对材料图例给予说明

续表

序号	名　称	图　例	备　注
2	隔断		①包括板条抹灰、木制、石膏板、金属材料等隔断；②适用于到顶与不到顶隔断
3	栏杆		
4	楼梯		①上图为底层楼梯平面，中图为中间层楼梯平面，下图为顶层楼梯平面；②楼梯及栏杆扶手的形式和梯段步数应按实际情况绘制
5	自动扶梯		①自动扶梯和自动人行道、自动人行坡道可正逆向运行，箭头方向为设计运行方向；②自动人行坡道应在箭头线段尾部加注"上"或"下"
6	自动人行道及自动人行坡道		
7	电梯		①电梯应注明类型，并画出门和平衡锤的实际位置；②观景电梯等特殊类型电梯应参照本图例实际情况绘制
8	坡道		上图为长坡道，下图为门口坡道

33

序号	名　称	图　例	备　注
9	平面高差		适用于高差小于 100 mm 的两个地面或楼面相接处
10	检查孔		左图为可见检查孔；右图为不可见检查孔
11	孔洞		阴影部分可以涂色代替
12	坑槽		
13	墙预留洞		①以洞中心或洞边定位；②宜以涂色区别墙体和留洞位置
14	墙预留槽		
15	烟道		①阴影部分可以涂色代替；②烟道与墙体为同一材料，其相接处墙身线应断开
16	通风道		
17	新建的墙和窗		①本图以小型砌块为图例，绘图时应按所用材料的图例绘制；不易以图例绘制的，可在墙面上以文字或代号注明；②小比例绘图时，平面、剖面窗线可用单粗实线表示
18	改建时保留的原有墙和窗		

续表

序号	名　　称	图　　例	备　　注
19	应拆除的墙		
20	在原有墙或楼板上新开的窗		
21	在原有洞旁扩大的洞		
22	在原有墙或楼板上全部填塞的洞		
23	在原有墙或楼板上局部填塞的洞		
24	空门洞		H 为门洞高度

续表

序号	名　称	图　例	备　注
25	单扇门（包括平开或单面弹簧门）		①门的名称代号用 M； ②图例中剖面图左为外、右为内，平面图下为外、上为内； ③立面图上开启方向线交角的一侧为安装合页的一侧，实线为外开、虚线为内开； ④平面图上门线应 90° 或 45° 开启，开启弧线宜绘出； ⑤立面图上的开启线在一般设计图中可不表示，在详图及室内设计图上应表示； ⑥立面形式应按实际情况绘制
26	双扇门（包括平开或单面弹簧门）		
27	对开折叠门		
28	推拉门		①门的名称代号用 M； ②图例中剖面图左为外、右为内，平面图下为外、上为内； ③立面形式应按实际情况绘制 （注：本表序号28～32均同此说明）
29	墙外单扇推拉门		
30	墙外双扇推拉门		

续表

序号	名　称	图　例	备　注
31	墙中单扇推拉门		
32	墙中双扇推拉门		
33	单扇双面弹簧门		①门的名称代号用 M； ②图例中剖面图左为外、右为内，平面图下为外、上为内； ③立面图上开启方向线交角的一侧为安装合页的一侧，实线为外开、虚线为内开； ④平面图上门线应 90° 或 45° 开启，开启弧线宜绘出； ⑤立面图上的开启线在一般设计图中可不表示，在详图及室内设计图上应表示； ⑥立面形式应按实际情况绘制(注：本表序号 33～36 均同此说明)
34	双扇双面弹簧门		
35	单扇内外开双层门（包括平开或单面弹簧门）		
36	双扇内外开双层门（包括平开或单面弹簧门）		

序号	名　称	图　例	备　注
37	转门		①门的名称代号用 M； ②图例中剖面图左为外、右为内，平面图下为外、上为内； ③平面图上门线应 90° 或 45° 开启，开启弧线宜绘出； ④立面图上的开启线在一般设计图中可不表示，在详图及室内设计图上应表示； ⑤立面形式应按实际情况绘制
38	自动门		①门的名称代号用 M； ②图例中剖面图左为外、右为内，平面图下为外、上为内； ③立面形式应按实际情况绘制
39	折叠上翻门		①门的名称代号用 M； ②图例中剖面图左为外、右为内，平面图下为外、上为内； ③立面图上的开启线在一般设计图中可不表示，在详图及室内设计图上应表示； ④立面图形式应按实际情况绘制； ⑤立面图上的开启线设计图中应表示
40	竖向卷帘门		①门的名称代号用 M； ②图例中剖面图左为外、右为内，平面图下为外、上为内； ③立面形式应按实际情况绘制

续表

序号	名　　称	图　　例	备　　注
41	横向卷帘门		①门的名称代号用 M； ②图例中剖面图左为外、右为内，平面图下为外、上为内； ③立面形式应按实际情况绘制
42	提升门		
43	单层固定窗		①窗的名称代号用 C 表示； ②立面图中的斜线表示窗的开启方向，实线为外开、虚线为内开；开启方向线交角的一侧为安装合页的一侧，一般设计图中可不表示； ③图例中，剖面图所示左为外、右为内，平面图下为外、上为内； ④平面图和剖面图上的虚线仅说明开关方式，在设计图中不需表示； ⑤窗的立面形式应按实际绘制； ⑥小比例绘图时平、剖面的窗线可用单粗实线表示 （注：本表序号 43 ～ 50 均同此说明）
44	单层外开 上悬窗		
45	单层中悬窗		

序号	名　称	图　例	备　注
46	单层内开下悬窗		
47	立转窗		①窗的名称代号用 C 表示； ②立面图中的斜线表示窗的开启方向，实线为外开、虚线为内开；开启方向线交角的一侧为安装合页的一侧，一般设计图中可不表示； ③图例中，剖面图所示左为外、右为内，平面图下为外、上为内； ④平面图和剖面图上的虚线仅说明开关方式，在设计图中不需表示； ⑤窗的立面形式应按实际绘制； ⑥小比例绘图时平、剖面的窗线可用单粗实线表示 （注：本表序号 43 ～ 50 均同此说明）
48	单层外开平开窗		
49	单层内开平开窗		
50	双层内外开平开窗		

续表

序号	名　称	图　例	备　注
51	推拉窗		①窗的名称代号用 C 表示；②图例中，剖面图所示左为外、右为内，平面图下为外、上为内；③窗的立面形式应按实际绘制；④小比例绘图时平、剖面的窗线可用单粗实线表示
52	上推窗		
53	百叶窗		①窗的名称代号用 C 表示；②立面图中的斜线表示窗的开启方向，实线为外开、虚线为内开；开启方向线交角的一侧为安装合页的一侧，一般设计图中可不表示；③图例中，剖面图所示左为外、右为内，平面图下为外、上为内；④平面图和剖面图上的虚线仅说明开关方式，在设计图中不需表示；⑤窗的立面形式应按实际绘制
54	高窗	$H=$	①窗的名称代号用 C 表示；②立面图中的斜线表示窗的开启方向，实线为外开、虚线为内开；开启方向线交角的一侧为安装合页的一侧，一般设计图中可不表示；③图例中，剖面图所示左为外、右为内，平面图下为外、上为内；④平面图和剖面图上的虚线仅说明开关方式，在设计图中不需表示；⑤窗的立面形式应按实际绘制；⑥ H 为窗底距本层楼地面的高度

41

1.4 制图工具与设备

制图是一项传统的行业，所需的工具和设备非常复杂，但是随着商品经济的发展，现代制图工具的品种更多样，使用起来会更方便。本书将制图工具分为测量工具、绘图工具和计算机设备三大类。

1.4.1 测量工具

室内外设计制图的前奏是测量，只有经过详细测量得到精准的数据，才能为制图奠定完美的基础。要在施工现场进行实地测量，首先要配置必要的工具，然后掌握一定的测量方法。

1. 钢卷尺

钢卷尺一般在普通文具店和杂货店都能买到，价格便宜，长度有 3 m、5 m、8 m 等几种规格，可以随身携带，主要用于测量建筑室内空间的尺度 (见图 1-75)。优质钢卷尺价格较高，但是经久耐用，拉出 2 m 多不会弯折，这样可以用来测量人体所不便触及到的高度和深度。

2. 塑料卷尺

塑料卷尺的长度规格很大，一般有 15 m、30 m、50 m 等几种规格。使用时需要手动收展，一般用于较大空间截面面积的实物测量 (见图 1-76)。使用时需要两人协同操作。优质塑料卷尺的制作材料高档，不会受环境温度影响而发生收缩或膨胀，保证了测量精度。

3. 测距仪

测距仪是一种新型电子测量设备 (见图 1-77)，有激光、超声波和红外线等多种类别，一般在大型设计公司任职的设计师都以能拿出这种设备而自豪，在一定程度上也可以认定这些企业和个人的实力是很强的。它是通过电子射线反射的原理来测量室内空间尺寸，尤其是针对内空很高、面积很大的住宅，测量起来很方便，但是操作要平稳，而低端产品的质量难免会造成一定的误差，影响后期的设计、施工。

图 1-75 钢卷尺　　　　图 1-76 塑料卷尺　　　　图 1-77 钢卷尺测距仪

4. 测量方法

现场测量是绘图的基础，只有通过测量得到了准确的数据才能精确绘图。测量是一项很严格的技术活，需要很专业的技术动作来完成，在房屋实地测量时要注意以下要点。

(1) 对齐尺端　单人测量时，不能过于心急，要脚踏实处，一个数据一个数据地来测量，先测量后记录，临时记在头脑中的数据不要超过两个，否则容易造成前功尽弃。前后、左右要平整，对齐尺的首端和末端。两人测量比较方便，一人握着卷尺，到墙体末端，读出数据；另一人在墙体首端定位卷尺，并做书面记录。无论哪种测量方式，都要将卷尺对齐精确，保持水平或垂直状态。

(2) 分段拼接　对于过高或过宽的墙壁，不能一次测量到位，就需要使用硬铅笔分段标记，最后再将分段尺寸相加，记录下来。分段拼接而成的尺寸要审核一遍，分段测量时卷尺两端也应对齐平整，否则测量就不到位。

(3) 目测估量　对于横梁等复杂的顶部构造就不好测量了，除非临时借来架梯等辅助工具，这些结构可以通过眼睛来估测，例如，先测量一下自己的手机长度，一般为 100 mm 左右，将手机的长度与横梁的长度作比较，仔细比较它们之间相差的倍数，就可以得出一个比较准确的估量值。

(4) 注意边角　墙体或构造转角处和内凹部分一般容易被忽视，在测量的时候千万不要漏掉了，这些边角部位最终会影响到细节设计。除了长宽数据以外，还要测量相关横梁的高度，因为这些复杂的转角部位一般上方都会有横梁交错，情况很特殊。

(5) 设备位置　对水路及电路管线的外露部分进行实地测量，此外门窗的边角也需要精确地测量，尤其是将来会包裹门窗套的部位，这些数据在图纸上的反映将对后期设计很有帮助。

绘 制 草 图

课程贴士

经过测量而得到的数据，经过核对后就可以绘制草图了，绘制草图的目的在于提供一份完整的正式制图依据。测量完毕后可以在设计现场绘制，使用铅笔画在白纸上即可，线条不必挺直，但是空间的位置关系要准确，边绘草图边标注测量得到的数据，并增加一些遗漏的部位，做到万无一失 (见图 1-78)。

图 1-78　绘制草图

很多设计师和绘图员对这个步骤不够重视，直接拿着测量数据就离开了，当面对计算机时就糊涂了，其实现场绘制草图是检查、核对数据的重要步骤，个人的记忆力再好也比不上实实在在的笔录。

1.4.2 绘图工具

传统手工绘图工具门类复杂，熟练操作需要花费大量的时间来掌握，现代手工绘图一般只为后期计算机制图打基础，用于绘制草图或较完整的创意稿，其中圆形和弧线都为徒手绘制，这就大大简化了工具的选用。

1. 铅笔

铅笔是绘图的必备工具，传统木质绘图铅笔使用范围很广（见图 1-79）。笔芯的质地从硬到软依次为 10H、9H、8H、7H、6H、5H、4H、3H、2H、H、F、HB、B、2B、3B、4B、5B、6B 18 个硬度等级，其中 2H 和 H 型比较适合绘制底稿。太硬的铅笔不方便削切，太软的铅笔浓度较大，不方便擦除。削切 2H 和 H 型绘图铅笔最好选用长转头的卷笔刀，保持笔尖锐利，能长久使用。为了提高工作效率，也可以使用自动铅笔替代传统木质铅笔，一般应选用规格为 0.35 mm 的产品和配套的 H 笔芯（见图 1-80）。

图 1-79　绘画铅笔

图 1-80　自动铅笔

无论是哪种铅笔，作图时要将笔向运笔方向稍倾，并在运笔过程中轻微地转动铅笔，使铅芯能相对均匀地磨损，保证所绘线条的质量。铅笔的运笔方向要求画水平线要从左到右，画垂直线要从下到上。作图过程中，运笔应均衡，保持稳定的运笔速度和用力程度，使同一线条深浅一致，同时要避免划伤纸面以及方便擦除。

2. 绘图笔

传统绘图笔又称为针管笔，基本工作原理和普通钢笔一样，需要注入墨水，但是笔尖是空心的金属管，中间穿插引水通针，通针上下活动可以让墨水均匀地呈现在纸上，线条挺直有力。为了保证绘图质量和效率，一般应选用专用墨水，这样绘出的线条细腻、均衡且能快速干燥。但是传统绘图笔操作要求很严谨，另外配件和耗材也很难购买。现在一般都选用一次性水性绘图笔，这类产品的规格为 0.01 ～ 2.0 mm，每 0.1 mm 为一种规格，制作工艺精致，使用流畅（见图 1-81）。

在设计制图中至少应备有粗、中、细三种不同粗细的绘图笔，如 0.1 mm、0.3 mm、0.7 mm。绘制线条时，绘图笔身应尽量保持与纸面成 80°～ 90°，以保证画出粗细均匀一致的线条。作图顺序应依照先上后下、先左后右、先曲后直、先细后粗的原则，运笔速度及用力应均匀、平稳。用较粗的绘图笔作图时，落笔及收笔均不应有停顿。绘图笔除了被用来作直线段外，还可以与圆规相关附件连接起来作圆周线或圆弧线。平时宜正确使用和保养绘图笔，以保证其有良好的工作状态及较长的使用寿命。绘图笔要保持运笔流畅，特别注意在不使用时应立即套上笔帽，以免针尖墨水干结、挥发。

另外，还有一种绘图笔称为直线笔或鸭嘴笔，可以用来绘制墨线图 (见图 1-82)。直线笔笔头上的调节螺丝可以根据所绘线条的宽度来进行调节。用直线笔绘制的线条比用绘图笔绘制的挺直，但直线笔不具有绘图笔携带和使用方便的特点。给直线笔增添墨水时，应用蘸水笔把墨水加入直线笔笔叶内，不能将直线笔直接插入墨水瓶蘸墨水。作图时笔尖应正对所画线条，位于行笔方向的铅垂面内，保证两笔叶片同时接触纸面，并将笔向运笔方向稍作倾斜，保持均匀一致的运笔速度。直线笔叶片外表面沾有墨水时，应及时清洁，以免绘图时污染图纸。使用完毕后应将余墨擦干净，并将调节螺丝放松，避免出现笔叶变形的现象。

图 1-81　绘图笔　　　　图 1-82　直线笔　　图 1-83　丁字尺、三角尺、直尺

3. 尺规

丁字尺、三角尺、直尺、比例尺、曲线尺、模板和圆规是传统绘图的标准工具，使用方法要正确，且操作熟练，才能绘出各种曲直结合的图样。

(1) 丁字尺、三角尺、直尺 (见图 1-83)　丁字尺要配合专用绘图板来使用，专用绘图板作为绘图垫板用于固定图纸，不宜使用其他板材代替，制图时板面的平整度和边缘的平直度要求很高。使用时，丁字尺要紧靠绘图板的左边缘，上下移动到需要画线的位置，自左向右画水平线。三角板可以配合丁字尺自下而上绘出垂线，此外，丁字尺和三角板还能绘制出与水平线成 15°、30°、45°、60° 和 75° 的斜线，这些斜线都是自左向右的方向绘制 (见图 1-84)。当然，绘制其他角度的斜线也可以使用三角尺中量角器。直尺的功能界于丁字尺与三角尺之间，一般在图纸上只作长距离测量、校对或辅助之用。

(2) 比例尺　用于快速绘制按比例缩放的图样，常见的比例尺为三棱形，其 6 个边缘上分别刻有 1:100、1:200、1:250、1:300、1:400、1:500 6 种比例，它能提高绘图速度 (见图 1-85)。如果长期使用某一种比例，也可以使用透明胶将写有尺度的纸片贴在直尺上，这样使用会更方便些。

图 1-84　丁字尺与三角尺的使用方法

（3）曲线尺　又称云形尺，是一种内外均为曲线边缘的薄板，曲线形态、大小不一，用来绘制曲率半径不同的非圆形自由曲线，尤其是绘制少且短的自由曲线（见图 1-86）。在绘制曲线时，在曲线尺上选择某一段与所拟绘曲线相符的边缘，用笔沿该段边缘移动，即可绘出该段曲线。曲线尺的缺点在于没有标示刻度，不能用于曲线长度的测量。除曲线尺外，也可用由可塑性材料和柔性金属芯条制成的柔性曲线尺，通常称为蛇形尺，它能绘制连贯的自由曲线（见图 1-87）。

使用曲线尺作图比较复杂，为保证线条流畅、准确，应先按相应的作图方法确定出拟绘曲线上足够数量的点，然后用曲线尺连接各点，并且要注意曲线段首尾作必要的重叠，这样绘制的曲线会比较光滑。

图 1-85　三棱比例尺

图 1-86　曲线尺

图 1-87　柔性曲线尺

（4）模板　模板在制图中起到辅助作图、提高工作效率的作用（见图 1-88）。模板的种类非常多，通常有专业型模板和通用型模板两大类。专业型模板主要包括家具制图模板、厨卫设备制图板等，这些专业型模板以一定的比例刻制了不同类型家具或厨卫设备的平面、立面、剖面形式及尺寸，通用型模板则有圆模板、椭圆模板、方模板、三角形模板等多种样式，上面刻制了不同尺寸、角度的图形。

图 1-88　模板

绘图时要根据不同的需求选择合适的模板，用模板作直线时，笔可稍向运笔方向倾斜。作圆或椭圆时，笔应尽量与纸面垂直，且紧贴模板。用模板画墨线图时，应避免墨水渗到模板下而污损图纸。

(5) 圆规　圆规为画圆及画圆周线的工具，其形状不一，通常有大、小两类 (见图 1–89)。圆规中一侧是固定针脚，另一侧是可以装铅笔及直线笔的活动脚。另外，有画较小半径圆的弹簧圆规及小圈圆规或称点圆规。弹簧圆规的规脚间有控制规脚宽度的调节螺丝，以便于量取半径，使其所能画圆的大小受到限制。小圈圆规是专门用来作半径很小的圆及圆弧的工具。此外，套装圆规

图 1–89　圆规

中还附带分规，它是用来截取线段、量取尺寸和等分直线或圆弧线的工具。分规有普通分规和弹簧分规两种。分规的两侧规脚均为针脚，量取等分线时，应使两个针尖准确落在线条上，不得错开。普通的分规应调整到不紧不松、容易控制的工作状态。

在画圆时，圆规应使针尖固定在圆心上，尽量不使圆心扩大，否则会影响到作图的准确度，应依顺时针方向旋转，规身略可前倾。画大圆时，针尖与铅笔尖要垂直于纸面。画过大的圆时，需另加圆规套杆进行作图，以保证作图的准确性。画同心圆时应先画小圆再画大圆。如遇直线与圆弧相连时，应先画圆弧后画直线，圆及圆弧线应一次画完。

4. 纸张

现代绘图专用纸张很多，一般以复印纸、绘图纸、硫酸纸为主 (见图 1–90)。

(1) 复印纸　打印店里经常使用的普通白纸，采用草浆和木浆纤维制作，超市、电脑耗材市场都有出售，它是现代学习、办公事业中最经济的纸张。用于绘制设计初稿和小型打印稿的规格有 A3、A4 两种，质地有 70 g 和 80 g 两种，大型图纸打印机也有采用 A0、A1、A2 卷轴式纸张，幅

图 1–90　复印纸、绘图纸、硫酸纸

面大的纸张质地能达到 100 g 或 120 g。复印纸的质地较薄，但白度较高，一般用来绘制草图或计算机制图打印输出。

(2) 绘图纸　供绘制工程图、机械图、地形图等用的纸，质地紧密而强韧，无光泽，尘埃度小，具有优良的耐擦性、耐磨性、耐折性。它采用漂白化学木浆或加入部分漂白棉浆或草浆，经打浆、施胶、加填 (料) 后，在长网造纸机上抄造，再经压光，质地较厚，一般有 120 g、150 g、180 g 等多种。绘图纸适用于铅笔、绘图笔绘制，使用时要保持尺规清洁，避免在绘图时与纸面产生摩擦从而污染图纸。

(3) 硫酸纸　又称制版硫酸转印纸，是由细微的植物纤维通过互相交织，在潮湿状态下经过游离打浆、不施胶、不加填料、抄纸，72 % 的浓硫酸浸泡 2 ～ 3 s，清水洗涤后以

甘油处理，干燥后形成的一种质地坚硬薄膜型物质。硫酸纸质地坚实、密致而稍微透明，具有对油脂和水的渗透抵抗力强，不透气，且湿强度大等特点，主要有 65 g、75 g、85 g 等多种质地。硫酸纸用于印刷制版、手工描绘、计算机制图打印、静电复印等。使用硫酸纸绘图、打印可以通过晒图机 (见图 1-91) 复制为多张，成本较低，是当今最普及的图纸复制原始媒介。

图 1-91　晒图机

5. 其他绘图工具

要提高绘图效率和设计品质，就需要配置更齐全的工具，除上述绘图工具外，还会用到擦线板、橡皮、墨水、蘸水小钢笔、美工刀、透明胶带及图钉等 (见图 1-92)。

图 1-92　其他绘图工具

(1) 擦线板　又称擦图片，是擦去制图过程不需要的稿线的制图辅助工具。擦线板是由塑料或不锈钢制成的薄片。由不锈钢制成的擦线板因柔软性好，使用相对比较方便。使用擦线板时应用擦线板上适宜的缺口对准需擦除的部分，并将不需擦除的部分盖住，用橡皮擦去位于缺口中的线条。用擦线板擦去稿线时，应尽量用最少的次数将其擦净，以免将图纸表面擦伤，影响制图质量。

位图与矢量图

课程贴士

在计算机中，图像大致可分为位图和矢量图两种。位图又称为点阵图，是由许多点组成的，这些点称为像素。而许许多多不同色彩的像素组合在一起便构成了一幅图像。由于位图采取了点阵的方式，使每个像素都能够记录图像的色彩信息，因而可以精确地表现色彩丰富的图像，但图像的色彩越丰富，图像的像素就越多 (即分辨率越高)，文件也就越大，因此处理位图图像时，对计算机硬盘和内存的要求也较高。同时由于位图本身的特点，图像在缩放和旋转变形时会产生失真的现象。矢量图像是相对位图图像而言的，也称为向量图像，它是以数学的矢量方式来记录图像内容的。矢量图像中的图形元素称为对象，每个对象都是独立的，具有各自的属性，如颜色、形状、轮廓、大小和位置等。矢量图像在缩放时不会产生失真的现象，并且它的文件所占的容量较少。但这种图像的缺点是不易制作出色调丰富的图像，而且绘制出来的图形无法像位图那样精确地描绘各种绚丽的图像。

(2) 橡皮 橡皮要求软硬适中，一般应选择专用的 4B 绘图橡皮，以保证能将需擦去的线条擦净，并不伤及图纸表面和留下擦痕。使用时，应先将橡皮清洁干净，以免不洁橡皮将图纸越擦越脏。用橡皮应选一顺手方向均匀用力推动橡皮，不宜在同一部位反复摩擦。

(3) 墨水 制图常用的墨水分为碳素墨水和绘图墨水，碳素墨水较浓，而绘图墨水较淡，最好选用能快速干燥的高档产品。

(4) 蘸水小钢笔 通常墨线图上的文字、数字及字母等均用蘸水小钢笔来书写，这样会使笔画转角部位顿挫有力。蘸水小钢笔一般有多种粗细笔尖可换用，满足不同幅面图纸的要求。

(5) 美工刀 美工刀主要用来削铅笔及裁切图纸，对于绘制错误的线条也可以轻轻刮除，但是使用时要额外小心。

(6) 透明胶带及图钉 将图纸固定在图板上时，应采用透明胶带或图钉，对于绘制错误的线条也可以使用透明胶带粘贴清除，操作须额外谨慎，避免影响制图质量。

1.4.3 计算机制图设备

现代设计制图以运用计算机为主流，选购、配置一台能流畅运行各种制图软件的计算机非常重要。如今计算机硬件配置升级很快，去年定位为高档的产品，今年可能就面临淘汰。因此，不必盲目追求高端产品，一般价格在 5000 元左右的主流配置计算机都可以正常运行各种制图软件。如果经济条件允许且希望拥有卓越的性能，可以选购高档配件，如 Intel 酷睿 CPU、ATI 显卡和金士顿内存等。计算机制图质量和效率关键还在于制图软件和打印输出设备。

1. 制图软件

(1)AutoCAD AutoCAD 是由美国 Autodesk 公司于 20 世纪 80 年代初为微机上应用 CAD 技术而开发的绘图程序，经过不断更新，现已经成为国际上广为流行的绘图工具。它可以绘制任意二维和三维图形，并且同传统的手工绘图相比，用 AutoCAD 绘图速度更快、精度更高、而且便于个性化表达，它已经在航空航天、造船、建筑、机械、电子、化工、美工、轻纺等很多领域得到了广泛应用，并取得了丰硕的成果和巨大的经济效益。AutoCAD 具有良好的用户界面，通过交互菜单或命令行方式便可以进行各种操作。它的多文档设计环境，让非计算机专业人员也能很快地学会使用，在不断实践的过程中更好地掌握它的各种应用和开发技巧，从而不断提高工作效率。AutoCAD 具有广泛的适应性，它可以在各种操作系统支持的微型计算机和工作站上运行，并支持 40 多种分辨率图形显示设备，以及 30 多种数字仪和鼠标器，支持绘图仪和打印机数十种，这就为 AutoCAD 的普及创造了条件。AutoCAD 的应用很广，对尺度的精确程度要求很高，但是绘图模式相对于传统手绘而言，并没有突破性的进展，绘制速度要因人而异。AutoCAD 在模拟传统的立体轴测图上有很大的改观，但是绘制速度却不高，着色效果不佳，在室内外设计行业只用于表现基本方案图和施工图 (见图 1–93)。

图 1–93　AutoCAD 界面

(2)Coreldraw　在我国，Coreldraw 的使用率也相当高，主要用于绘制彩色矢量图形，是目前最流行的矢量图形设计软件之一，它是由全球知名的专业化图形设计与桌面出版软件开发商加拿大 Corel 公司于 1989 年推出的产品。Coreldraw 绘图设计系统集合了图像编辑、图像抓取、位图转换、动画制作等一系列实用的应用程序，构成了一个高级图形设计和编辑出版软件包，并以其强大的功能、直观的界面、便捷的操作等优点，迅速占领市场，赢得众多专业设计人士和广大业余爱好者的青睐。使用 Coreldraw 绘制室内外设计图是最近几年逐渐兴起的，Coreldraw 绘制图纸的方法与 AutoCAD 不相上下，但绘制逻辑却完全不同。Coreldraw 的最大特点是可以着色，在设计构造上可以区分色彩，体现质感，操作上也很简便，绘制的图面很精美。Coreldraw 的通用性很广，同时也用于平面设计、广告设计、工业设计等多个领域，可以与建筑设计图纸相互借用。但是 Coreldraw 在三维制图上存在缺陷，很难表达出尽善尽美的透视效果图 (见图 1–94)。

图 1–94　Coreldraw 界面

(3)SketchUp 它是一个表面上极为简单，实际上却蕴含着令人惊讶且功能强大的构思表达工具，它能以极快的速度对三维创意进行创建、观察和修改。传统铅笔草图的优雅自如，现代数字科技的速度与弹性，都能通过 SketchUp 得到完美结合。SketchUp 是专门为配合设计过程而研发的，在设计过程中，设计师通常习惯从不十分精确的尺度、比例开始整体的思考，随着思路的进展不断添加细节。当然，如果需要，也可以方便、快速地进行精确绘制。SketchUp 与 CAD 的不同之处是，SketchUp 使得设计师可以根据设计目标，方便地解决整个设计过程中出现的各种修改，即使这些修改贯穿整个项目的始终。很多青年学生都在学习 SketchUp，因为这套软件的界面比较有亲和性，操作时有赏心悦目的感觉，它绘制速度快，对所有设计构造都以透视彩色立体化形态表现，是目前最流行的室内外设计软件。SketchUp 的定位是初级阶段，没有在中高级阶段加以延续，不能渲染出高品质彩色透视效果图 (见图 1–95)。

图 1–95 SketchUp 界面

2.打印输出设备

(1) 打印机 它是将计算机的运算结果或中间结果以人所能识别的数字、字母、符号和图形等，依照规定的格式印在纸上的设备。打印机正向轻、薄、短、小、低功耗、高速度和智能化方向发展。打印机的种类很多，用于计算机制图输出的主流产品为激光打印机。激光打印机分为黑白和彩色两种，其中低端黑白激光打印机的价格目前已经降到了几百元，达到了普通用户可以接受的水平。它的打印原理是利用光栅图像处理器产生要打印页面的位图，然后将其转换为电信号等一系列的脉冲送往激光发射器，在这一系列脉冲的控制下，激光被有规律地放出。与此同时，反射光束被接收的感光鼓所感光。激光发射时就产生一个点，激光不发射时就是空白，这样就在接收器上印出一行点来。然后接收器转动一小段固定的距离继续重复上述操作。当纸张经过感光鼓时，鼓上的着色剂就会转移到纸上，印成了页面的位图。最后当纸张经过一对加热辊后，着色剂被加热熔化，固定在了纸上，就完成打印的全过程，整个过程准确而且高效。相对于喷墨打印机而言，激光打印机的使用成本要低很多。一般用于打印输出 A3、A4 等小幅面图纸 (见图 1-96)。

(2) 绘图仪　它是一种优秀的输出设备,与打印机不同,打印机是用来打印文字和简单的图形的。如果需要精确地绘图,并且绘制大幅面图纸,如 A0、A1、A2 等幅面或各种加长图纸,就不能用普通激光打印机了,只能用这种专业的绘图输出设备了。在电脑辅助设计 (CAD) 与电脑辅助制造 (CAM) 中,绘图仪是必不可少的,它能将图形准确地绘制在图纸上输出,供设计师和施工员参考。如果把绘图仪中出色使用的绘图笔换为刀具或激光束发射器等切割工具就能完美地加工机械零件了。从原理上分类,绘图仪分为笔式、喷墨式、热敏式、静电式等;而从结构上分类,又可以分为平台式和滚筒式两种。平台式绘图仪的工作原理是,在计算机输出信号的控制下,笔或喷墨头的 X、Y 方向移动,而纸在平面上不动,从而绘出图来。滚筒式绘图仪的工作原理是,笔或喷墨头沿 X 方向移动,纸沿 Y 方向移动,这样,可以绘出较长的图样。绘图仪所绘的图也有单色和彩色两种。目前,彩色喷墨绘图仪绘图线型多,速度快,分辨率高,价格也不贵,很有发展前途 (见图 1-97)。

图 1-96　激光打印机

图 1-97　喷墨绘图仪

圆方室内设计系统

课程贴士

　　圆方室内设计系统自 1994 年以来逐渐在建筑装饰业、家具业的电脑化上取得了不菲的成绩,成为国内设计软件界的一支重要力量。在 1998 年推出了圆方家具设计软件,当时在国内还没有企业从事相关的软件研发,圆方室内设计系统是一个傻瓜型的设计软件,圆方因此而走了在市场的前列,赢得了市场的先机。圆方软件是在 AutoCAD 的基础上扩展开发的,它将 AutoCAD 软件进行了模块化处理,并加入了三维灯光渲染功能,在很大程度上作了革命性的创举。圆方软件的最大特点就是制图速度快,运用大量模板提高制图速度,设计师在掌握 AutoCAD 的基础上可以迅速熟悉该软件。

1.5　案例分析:某办公空间装饰装修工程设计图

　　室内外设计制图主要包括规划图、平面图、顶面图、给排水图、电气图、暖通图、立面图、剖面图、构造节点图、大样图、轴测图、装配图等常用图纸。通常,这些图纸又称为装饰装修工程设计图，它们是利用简洁明晰的图形、线条、数字和符号等形式在纸面上表达特定的语言，用来表述设计构思、艺术观点、空间排布、装修构造，通过造型、饰面、尺度、选材、细部处理等方面准确体现工程方案，下面就列举一套办公空间装饰装修工程设计图（见图 1-98 至图 1-108）。

图 1-98　原始平面图

图 1-99　平面布置图

图例:

轨道射灯5×7W

1200mm×200mm办公吊灯36W

明装吊挂筒灯12W

网络监控摄像机

音箱

图 1-100 顶面布置图

图 1-101 立面索引图

玄关墙立面图 防腐木0.64m²   玄关墙立面图 防腐木4.48m²

图1-102 玄关墙立面图

橱柜立面图 橱柜4.3m²

图1-103 橱柜立面图

56

会议墙立面图
图1-104 会议墙立面图

经理室隔墙立面图
图1-105 经理室隔墙立面图

办公书柜立面图 书柜6.72m²　　　　　　　　　　经理书柜立面图 书柜7.17m²

图 1-106　书柜立面图

经理室台柜三视图 台柜0.48m²

办公区台柜立面图 台柜1.08m²

图 1-107　台柜立面图

强电系统图

弱电系统图

图1-108　电气图

课 后 练 习

1. 详细描述古代建筑图样的种类。

2. 解释"界画"的意思。

3. 仔细比较施工图与竣工图的异同。

4. 熟读《房屋建筑制图统一标准》(GB/T 50001—2010) 和《建筑制图标准》(GB/T 50104—2010)。

5. 默写、默画出国家标准中关于尺寸标注的章节内容。

6. 使用 A4 幅面图纸临摹本章中的图 1-15。

第2章
制图种类与方法

**章节
导读**

　　设计制图的目的是为了解决施工实施时所出现的具体问
题,需要说明的部位就应该绘制图纸,当设计方、施工方与
投资方等对某些问题能达成一致和共识,就无须绘制图纸了。
室内外设计要表明创意和实施细节,一般需要绘制多种图纸,
针对具体设计构造的繁简程度,可能会强化某一种图纸,也
可能会简化或省略某一种图纸,但是这都不影响全套图纸的
完整性。在初学制图过程中,要强化理论知识,搜集并查阅
大量图纸,临摹一些具有代表性的图纸。当然,要准确且熟
练地绘制各种图纸,还需要了解室内外设计中材料选用和施
工构造方面的知识,这些才是制图的根源。

2.1 总 平 面 图

　　总平面图是表明一项设计项目总体布置情况的图纸。它是在施工现场的地形图上,将
已有的、新建的和拟建的建筑物、构筑物以及道路、绿化等按与地形图同样比例绘制出来
的平面图 (见图 2-1)。总平面图主要表明新建建筑物、构筑物的平面形状、层数、室内外
地面标高,新建道路、绿化、场地排水和管线的布置情况,并表明原有建筑、道路、绿化
等和新建筑的相互关系以及环境保护方面的要求等。

中央商业街

住宅

12.60 小区次入口

住宅

高尔夫球场

住宅

溜冰场

沙坑

店铺

游乐区

北

小区次入口

总平面图 1:500

图 2-1 住宅小区平面图

总平面图是所有后续图纸的绘制依据，一般要经过全面实地勘测且做详细记录，或向投资方索取原始地形图或建筑总平面图。由于具体施工的性质、规模及所在基地的地形、地貌不同，总平面图所包括的内容有的较为简单，有的则比较复杂，对于复杂的设计项目，除了总平面图外，必要时还须分项绘出管线综合总平面图、绿化总平面图等。

2.1.1 国家标准规范

1. 图线

《总图制图标准》(GB/T 50103—2010) 中对总平面图的绘制作了详细规定，总平面图的绘制还应符合《房屋建筑制图统一标准》(GB/T 50001—2010) 以及国家现行的有关强制性标准的规定。根据图样的复杂程度、比例和图纸功能，总平面图中的图线宽度 B，应该按表 2-1 规定的线型选用。这相对于《房屋建筑制图统一标准》(GB/T 50001—2010) 而言，做了进一步细化。

2. 比例

总平面图制图所采用的比例，宜符合表 2-2 的规定。一个图样宜选用一种比例，如遇到铁路、道路、土方等的纵断面图，可在水平方向和垂直方向选用不同比例。

表 2-1　图线

名　称		线　型	线　宽	用　途
实　线	粗	——————————	B	①新建建筑物 ±0.00 高度的可见轮廓线； ②新建的铁路、管线
	中	——————————	0.5B	①新建构筑物、道路、桥涵、边坡、围墙、露天堆场、运输设施、挡土墙的可见轮廓线； ②场地、区域分界线、用地红线、建筑红线、尺寸起止符号、河道蓝线； ③新建建筑物 ±0.00 高度以外的可见轮廓线
	细	——————————	0.25B	①新建道路路肩、人行道、排水沟、树丛、草地、花坛的可见轮廓线； ②原有（包括保留和拟拆除的）建筑物、构筑物、铁路、道路、桥涵、围墙的可见轮廓线； ③坐标网线、图例线、尺寸线、尺寸界线、引出线、索引符号等
虚　线	粗	▬ ▬ ▬ ▬ ▬	B	新建建筑物、构筑物的不可见轮廓线
	中	------------	0.5B	①计划扩建建筑物、构筑物、预留地、铁路、道路、桥涵、围墙、运输设施、管线的轮廓线； ②洪水淹没线
	细	— — — — —	0.25B	原有建筑物、构筑物、铁路、道路、桥涵、围墙的不可见轮廓线
单 点 长画线	粗	▬ ▪ ▬ ▪ ▬	B	露天矿开采边界线
	中	- · - · - · -	0.5B	上方填挖区的零点线
	细	- · - · - · -	0.25B	分水线、中心线、对称线、定位轴线
粗双点长画线		▬ ▪▪ ▬ ▪▪ ▬	B	地下开采区塌落界线
折断线		——/\——	0.5B	断开界线
波浪线		∿∿∿∿	0.5B	

注：应根据图样中所表示的不同重点，确定不同的粗细线型。例如：绘制总平面图时，新建建筑物采用粗实线，其他部分采用中线和细线；绘制管线综合图或铁路图时，管线、铁路采用粗实线

表 2-2　比例

图　名	比　例
地理、交通位置图	1：25000 ～ 1：200000
总体规划、总体布置、区域位置图	1：2000，1：5000，1：10000，1：25000，1：50000

续表

图　名	比　例
总平面图、塑向布置图、管线综合图、土方图、排水图、铁路、道路平面图、绿化平面图	1∶500，1∶1000，1∶2000
铁路、道路纵断面图	垂直：1∶100，1∶200，1∶500 水平：1∶1000，1∶2000，1∶5000
铁路、道路纵横面图	1∶50，1∶100，1∶200
场地断面图	1∶100，1∶200，1∶500，1∶1000
详图	1∶1，1∶2，1∶5，1∶10，1∶20，1∶50，1∶100，1∶200

3. 计量单位

总图中的坐标、标高、距离宜以米 (m) 为单位，并应至少取至小数点后两位，不足时以 "0" 补齐。详图宜以毫米 (mm) 为单位，如不以毫米 (mm) 为单位，应另加说明。建筑物、构筑物、铁路、道路方位角 (或方向角) 和铁路、道路转向角的度数，宜注写到 "秒" (″)，特殊情况，应另加说明。铁路纵坡度宜以千分 (‰) 计，道路纵坡度、场地平整坡度、排水沟沟底纵坡度宜以百分 (%) 计，并应取至小数点后一位，不足时以 "0" 补齐。

4. 坐标注法

总平面图应按上北下南方向绘制。根据场地形状或布局，可向左或右偏转，但不宜超过 45°。总平面图中应绘制指北针或风玫瑰图 (见图 2-2)。坐标网格应以细实线表示。测量坐标网应画成交叉十字线，坐标代号宜用 "X、Y" 表示；建筑坐标网应画成网格通线，坐标代号宜用 "A、B" 表示 (见图 2-3)。坐标值为负数时，应注 "−" 号，为正数时，"+" 号可省略。总平面图上有测量和建筑两种坐标系统时，应在附注中注明两种坐标系统的换算公式。表示建筑物、构筑物位置的坐标，宜注其三个角的坐标，如建筑物、构筑物与坐标轴线平行，可注其对角坐标。在一张图上，主要建筑物、构筑物用坐标定位时，较小的建筑物、构筑物也可用相对尺寸定位。

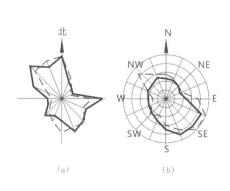

（a）　　　　　　（b）

图 2-2　风玫瑰图

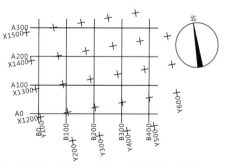

注：图中 X 为南北方向轴线，X 的增量在 X 轴线上；
　　Y 为南北方向轴线，Y 的增量在 Y 轴线上。
　　A 轴相当于测量坐标网中的 X 轴，
　　B 轴相当于测量坐标网中的 Y 轴。

图 2-3　坐标网格

建筑物、构筑物、铁路、道路、管线等应标注下列部位的坐标或定位尺寸：建筑物、构筑物的定位轴线（或外墙面）或其交点；圆形建筑物、构筑物的中心；皮带走廊的中线或其交点；铁路道岔的理论中心，铁路、道路的中线或转折点；管线（包括管沟、管架或管桥）的中线或其交点；挡土墙墙顶外边缘线或转折点。

坐标宜直接标注在图上，如果图面无足够位置，也可列表标注。在一张图上，如坐标数字的位数太多时，可将前面相同的位数省略，其省略位数应在附注中加以说明。

风 玫 瑰 图

课程贴士

风玫瑰图也称为风向频率玫瑰图，它是根据某一地区多年平均统计的各方风向和风速的百分数值，并按一定比例绘制，一般多用 8 个或 16 个罗盘方位表示，由于该图的形状形似玫瑰花朵，故名风玫瑰图。风玫瑰图上所表示风的吹向（即风的来向），是指从外面吹向该地区中心的方向。

风玫瑰图只适用于一个地区，特别是平原地区，由于地形、地貌不同，它对风气候起到直接的影响。由于地形、地面情况往往会引起局部气流变化，使风向、风速改变，因此在进行建筑物和构筑物总平面设计时，要充分注意到地方小气候的变化，在设计中要善于利用地形、地势，综合考虑设计对象的布置。此外，风玫瑰图在图纸审核中的作用是不容忽视的，布局时注意风向对工程位置的影响，防止出现重大失误。消防监督部门会根据国家有关消防技术规范在图纸审核时查看风玫瑰图，风玫瑰图与相关数据则一般由当地气象部门提供。

5.标高注法

标高注法应以含有 ±0.00 标高的平面作为总图平面。图中标注的标高应为绝对标高，如标注相对标高，则应注明相对标高与绝对标高的换算关系。

建筑物室内地坪，标注建筑图中 ±0.00 处的标高，对不同高度的地坪，分别标注其标高［见图 2-4(a)］。建筑物室外散水，标注建筑物四周转角或两对角的散水坡脚处的标高。构筑物标注其有代表性的标高，并用文字注明标高所指的位置［见图 2-4(b)］。铁路要标注轨顶标高；道路要标注路面中心交点及变坡点的标高；挡土墙要标注墙顶和墙趾标高；路堤、边坡要标注坡顶和坡脚标高；排水沟要标注沟顶和沟底标高；场地平整要标注其控制位置标高；铺砌场地要标注其铺砌面标高。标高符号应按《房屋建筑制图统一标准》(GB/T 50001—2010) 中"标高"一节的有关规定标注。

(a)

(b)

图 2-4　标高注法

6. 名称和编号

总图上的建筑物、构筑物应注写名称，名称宜直接标注在图上。当图样比例小或图面无足够位置时，也可编号列表编注在图内。当图形过小时，可标注在图形外侧附近处。总图上的铁路线路、铁路道岔、铁路及道路曲线转折点等，均应进行编号。

(1) 铁路编号　车站站线由站房向外顺序编号，正线用罗马字表示，站线用阿拉伯数字表示；厂内铁路按图面布置有次序地排列，用阿拉伯数字编号；露天采矿场铁路按开采顺序编号，干线用罗马字表示，支线用阿拉伯数字表示。铁路道岔用阿拉伯数字编号；车站道岔由站外向站内顺序编号，一端为奇数，另一端为偶数。当编里程时，里程来向端为奇数，里程去向端为偶数。不编里程时，左端为奇数，右端为偶数。

(2) 道路编号　厂矿道路用阿拉伯数字，外加圆圈 (如①、②……) 顺序编号；引道用上述数字后加 1、–2(如① –1、② –2……) 编号。厂矿铁路、道路的曲线转折点，应用代号 JD 后加阿拉伯数字 (如 JD1、JD2……) 顺序编号。

一个工程中，整套总图图纸所注写的场地、建筑物、构筑物、铁路、道路等的名称应统一，各设计阶段的上述名称和编号应一致。

7. 图例

总平面图例内容很多，这里列举部分常用图例 (见表 2–3)，全部图例可以查阅《总图制图标准》(GB/T 50103—2010) 相关规定。

表 2-3　总平面图中的常用图例

序号	名　　称	图　　例	备　　注
1	新建的道路	R9 0.6 101.00 150.00	"R9"表示道路转弯半径为 9 m，"150.00"为路面中心的控制点标高，"0.6"表示 0.6％的纵向坡度，"101.00"表示变坡点间距离
2	原有道路		
3	计划扩建的道路		
4	拆除的道路	×　　　× ×　　　×	
5	人行道		
6	道路曲线段	JD2 R20	"JD2"为曲线转折点编号；"R20"表示道路中心曲线半径为 20 m

序号	名　称	图　例	备　注
7	道路隧道		
8	涵洞、涵管		①上图为道路涵洞、涵管，下图为铁路涵洞、涵管； ②左图用于比例较大的图面，右图用于比例较小的图面
9	桥梁		①上图为公路桥，下图为铁路桥； ②用于旱桥时应注明
10	新建建筑物	3	①需要时，可用▲表示出入口，可在图形内右上角用点数或数字表示层数； ②建筑物外形（一般以 ±0.00 高度处的外墙定位轴线或外墙面为准）用粗实线表示。需要时，地面以上建筑用中粗实线表示，地面以下建筑用细虚线表示
11	原有建筑物		用细实线表示
12	计划扩建的预留地或建筑物		用中虚线表示
13	拆除的建筑物		用细实线表示
14	铺砌场地		
15	敞棚或敞廊		
16	围墙及大门		上图为实体性质的围墙，下图为通透性质的围墙，若仅表示围墙时不画大门
17	坐标	X105.00 Y425.00 A105.00 B425.00	上图表示测量坐标，下图表示建筑坐标

序号	名　称	图　例	备　注
18	填挖边坡		边坡较长时，可在一端或两端局部表示，下边线为虚线时，表示填方
19	护坡		
20	雨水口与消火栓井		上图表示雨水口，下图表示消火栓井
21	室内标高	151.00（±0.00）	
22	室外标高	•143.00　▼143.00	室外标高也可采用等高线表示
23	管线	——代号——	管线代号按国家现行有关标准的规定标注
24	地沟管线	——代号—— ——代号—— ——代号——	①上图用于比例较大的图面，下图用于比例较小的图面； ②管线代号按国家现行有关标准的规定标注
25	常绿针叶树		
26	常绿阔叶乔木		
27	常绿阔叶灌木		
28	落叶阔叶灌木		
29	草坪		
30	花坛		
31	绿篱		

2.1.2　案例分析：某住宅小区总平面图绘制方法

在室内外设计制图中所需绘制的总平面图一般涉及绿化布置、景观布局等方面，或者作为室内平面图的延伸，一般不涉及建筑构造和地质勘测等细节。总平面图需要表述的是道路、绿化、小品、构件的形态和尺度，对于需要细化表现的设计对象，也可以增加后续平面图和大样图作为补充。设计师要绘制出完整、准确的总平面图，关键在于获取一手的地质勘测图或建筑总平面图，有了这些资料，再加上几次实地考察和优秀的创意，绘制高质量的总平面图就不难了。

这里列举了一份住宅小区设计的总平面图，具体绘制方法可以分为如下 3 个步骤。

1. 确定图纸框架

经过详细现场勘测后绘制出总平面图初稿，并携带初稿再次赴现场核对，最好能向投资方索要地质勘测图或建筑总平面图，这些资料越多越好。对于设计面积较大的现场，还可以参考 Google 地图来核实。总平面图初稿可以是手绘稿，也可以是计算机图稿，图纸主要能正确绘制出设计现场的设计红线、尺寸、坐标网格和地形等高线，准确标出建筑所在位置，加入风玫瑰图和方向定位。经过至少两次核实后，应该将这种详细的框架图纸单独描绘一遍，保存下来，方便日后随时查阅。总平面图的图纸框架可简可繁，对于大面积住宅小区和公园，由于地形地貌复杂，图纸框架必须很详细，而小面积户外广场或住宅庭院则就比较简单了。无论哪种情况，都要认真对待，它是后续设计的基础 (见图 2-5)。

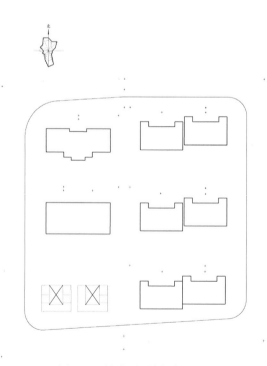

图 2-5　总平面图绘制步骤一

2. 表现设计对象

总平面图的基础框架出来后可以复印或描绘一份，使用铅笔或彩色中性笔绘制创意草图，经过多次推敲、研究后再绘制正稿。总平面图的绘制内容比较多，一份不完整的草图会导致多次返工，影响工作效率。

　　具体设计对象主要包括需要设计的道路、花坛、小品、建筑构造、水池、河道、绿化、围墙、围栏、台阶、地面铺装等 (见图 2-6)。一般先绘制固定对象，再绘制活动对象；先绘制大型对象，再绘制小型对象；先绘制低海拔对象，再绘制高海拔对象；先绘制规则形对象，再绘制自由形对象等。总之，要先易后难，这样才能使图面更加丰富、完整。

图 2-6　总平面图绘制步骤二

建 筑 红 线

　　建筑红线又称为建筑控制线，是指在城市规划管理中，控制城市道路两侧沿街建筑物或构筑物 (如外墙、台阶等) 靠临街面的界线。任何临街建筑物或构筑物不得超过建筑红线。

　　建筑红线由道路红线和建筑控制线组成。道路红线是城市道路 (含居住区及道路) 用地的规划控制线，而建筑控制线是建筑物基底位置的控制线。基底与道路邻近一侧，一般以道路红线为建筑控制线，如果因城市规划需要，主管部门可在道路线以外另定建筑控制线，任何建筑都不得超越给定的建筑红线。

3.加注文字与数据

　　当主要设计对象绘制完毕后，就加注文字和数据，这主要包括建筑构件名称、绿化植物名称、道路名称、整体和局部尺寸数据、标高数据、坐标数据、中轴对称线、入口符号等。小面积总平面图可以将文字通过引出线引出到图外加注，大面积总平面图要预留书写文字和数据的位置，对于相同构件可以只标注一次，但是两构件相距太大时，也需要重复标明。此外，为了丰富图面效果，还可以加入一些配饰，如车辆、水波等（见图2-7）。

总平面图 1:500

图 2-7　总平面图绘制布步骤三

　　加注的文字与数据一定要详实可靠，不能凭空臆想，同时，这个步骤也是检查、核对图纸的关键，很多不妥的设计方式或细节错误都是在这个环节发现并加以更正的。当文字和数据量较大时，应该从上到下或至左向右逐个标注，避免有所遗漏，对于非常复杂的图面，还应该在图外编写设计说明，强化图纸的表述能力。只有图纸、文字、数据三者完美结合，才能真实、客观地反映出设计思想，体现制图品质。

2.2　平　面　图

　　平面图是建筑物、构筑物等在水平投影上所得到的图形，投影高度一般为普通建筑 ±0.00 高度以上 1.5 m，在这个高度对建筑物或构筑物作水平剖切，然后分别向下和向上观看，所得到的图形就是底平面图和顶平面图。在常规设计中，绝大部分设计对象都布置在地面上，因此，也可以称底平面图为平面布置图，称顶平面图为顶棚平面图。其中底平面图的使用率最高，因此，通常所说的平面图普遍也被认为是底平面图 (见图 2-8)。

图 2-8　自主餐厅平面布置图

　　平面图运用图像、线条、数字、符号和图例等有关图示语言，遵循国家标准的规定，来表示设计施工的构造、饰面、施工做法及空间各部位的相互关系。为了全面表现设计方案和创意思维，在室内外设计制图中，平面图主要分为基础平面图、平面布置图、地面铺装平面图和顶棚平面图。这类图纸往往也会显示出自身的绘制特点，如造型上的复杂性和生动感，以及细部艺术处理的灵活表现等。

　　室内外设计作为独立的设计工作时，制图的根本依据仍然是土建工程图纸，尤其是平面图，其外围尺寸关系、外窗位置、阳台、入户大门、室内门扇以及贯穿楼层的烟道、楼梯和电梯等，均需依靠土建工程图纸所给出的具体部位和准确的平面尺寸，用以确定平面布置的设计位置和局部尺寸。因此，在设计制图实践中，图纸的绘制细节应密切结合实地勘查。

绘制平面图时，可以根据《房屋建筑制图统一标准》(GB/T 50001—2010) 和实际情况来定制图线的使用 (见表 2-4)。为了叙述方便，本节以同一设计项目的主要图纸为例，讲解室内外设计平面图的表现方式和绘制方法。

表 2-4　图线

名　称		线　型	线　宽	用　途
实　线	粗	————————	B	室内外建筑物、构筑物主要轮廓线、墙体线、剖切符号等
	中	————————	0.5B	主要设计构造的轮廓线，门窗、家具轮廓线，一般轮廓线等
	细	————————	0.25B	设计构造内部结构轮廓线，图案填充，文字、尺度标注线、引出线等
细虚线		— — — — — — —	0.25B	不可见的内部结构轮廓线
细单点长单线		——— · ——— · ———	0.25B	中心线、对称线等
折断线		——————∿——————	0.25B	断开界线

图纸绘制与装订顺序

课程贴士

室内外设计制图一般根据人们的阅读习惯和图纸的使用顺序来装订，从头到尾依次为图纸封面、设计说明、图纸目录、总平面图 (根据具体情况增减)、平面图 (包括基础平面图、平面布置图、地面铺装平面图、顶棚平面图等)、给排水图、电气图、暖通空调图、立面图、剖面图、构造节点图、大样图等，根据需要可能还会在后面增加轴测图、装配图和透视效果图等。

不同设计项目的侧重点不同，这也会影响图纸的数量和装订顺序。例如，追求图面效果的商业竞标方案可能会将透视效果图放在首位，而注重施工构造的家具设计方案可能全部以轴测图的形式出现，这样就没有其他类型的图纸了。总之，图纸绘制数量和装订方式要根据设计趋向来定，目的在于清晰、无误地表达设计者和投资方的意图。

2.2.1　基础平面图

基础平面图又为称为原始平面图，是指设计对象现有的布局状态图，包括现有建筑与构造的实际尺寸，墙体分隔，门窗、烟道、楼梯、给排水管道位置等信息，并且要在图上标明能够拆除或改动的部位，为后期设计奠定基础。有的投资方还想得知各个空间的面积数据，以便后期计算材料的用量和施工的工程量，还须在上面标注相关的文字信息。基础平面图也可以是房产证上的结构图或地产商提供的原始设计图，这些资料都可以作为后期设计的基础。

2.2.2 案例分析：某家装基础平面图绘制方法

绘制基础平面图之前要对设计现场做细致的测量，将测量信息记录在草图上，一般可以分为两个步骤。

1. 绘制墙体

根据土建施工图所标注的数据绘制出墙体中轴线，中轴线采用细点画线，如果设计对象面积较小，且位于建筑中某一局部相对独立，可以不用标注轴标。再根据中轴线定位绘制出墙体宽度，绘制墙体时注意保留门、窗等特殊构造的洞口，最后根据墙线标注尺寸。注意不同材料的墙体相接时，需要绘制边界线来区分。墙体线相交的部位不宜出头，对柱体和剪力墙应做相关填充。墙体绘制完成后要注意检查，及时更正出现的错误，尤其要认真复核尺寸，以免导致大批量返工 (见图 2-9)。

73

图 2-9 基础平面图绘制步骤一

2. 标注基础信息

墙体确认无误后就可以添加门、窗等原始固定构造了，边绘制边标注门、窗尺寸。绘制在设计中需要拆除或添加的墙体隔断，记录顶棚横梁，并标明尺寸和记号。此外，还须记录水电管线及特殊构造的位置，方便后期继续绘制给排水图和电路图。最后标注室内外细节尺寸，越详细越好，方便后期绘制各种施工图。当然，很多投资方还会有其他要求，这些都应该在基础平面图中反映出来。

当设计者无法获得原始建筑平面图时，只能到设计现场去考察测量了，测量的尺寸一般是室内或室外的成型尺寸，而无法测量到轴线尺寸。为此，在绘制基础平面图时，也可以不绘制轴线，直接从墙线开始，并且只标注墙体和构造的净宽数据，具体尺寸精确到厘米 (cm)。绘制基础平面图的目的是为后期设计提供原始记录，当一个设计项目需要提供多种设计方案时，基础平面图就是修改和变更的原始依据。所绘制的图线应当准确无误，标注的文字和数据应当详实可靠 (见图 2-10)。

基础平面图 1:100

图 2-10 基础平面图绘制步骤二

图库与图集

在室内外设计制图中，一般需要加入大量的家具、配饰、铺装图案等元素，以求得完美的图面效果。而临时绘制这类图样会消耗大量的时间和精力。为了提高图纸品质和绘图者的工作效率，可以在日常学习、工作中不断搜集相关图样，将时尚、精致的图样归纳起来，并加以修改、整理为个人或企业的专用图库，方便随时调用，无论对于手绘制图还是计算机制图，这项工作都相当有意义。

如果要绘制更高品质的商业图，追求唯美的图面效果，获得投资方青睐，可以通过专业书店或网络购买成品图库与图集，使用起来会更加得心应手 (见图 2-11)。

图 2-11 商业平面图图库

2.2.3 平面布置图

平面布置图需要表示设计对象的平面形式、大小尺寸、房间布置、建筑入口、门厅及楼梯布置的情况，标明墙、柱的位置、厚度和所用材料，以及门、窗的类型、位置等情况。对于多层设计项目，主要图纸有首层平面图、二层或标准层平面图、顶层平面图、屋顶平面图等。其中屋顶平面图是在房屋的上方，向下作屋顶外形的水平正投影而得到的平面图。平面图布置图在反映建筑基本结构的同时，主要说明在平面上的空间划分与布局，室内外设计在平面上与土建结构有对应的关系，如设施、设备的设置情况和相应的尺寸关系。因此，平面布置图基本上是设计对象的立面设计、地面装饰和空间分隔等施工的统领性依据，也是其他分项图纸的重要依据。它代表设计者与投资者确认了设计的基本方案。

1. 识读要点

要绘制完整、精美的平面布置图，就需要大量阅读图纸，通过识读平面布置图来学习绘图方法。主要识读要点如下。

(1) 阅读标题栏 认定其属于何种平面图，了解该图所确定的平面空间范围、主体结构位置、尺寸关系、平面空间的分隔情况等。了解建筑结构的承重情况，对于标有轴线的，应明确结构轴线的位置及其与设计对象的尺寸关系。

(2) 熟悉各种图例 阅读图纸的文字说明，明确该平面图所涉及的其他工程项目类别。

(3) 分析空间设计 通过对各分隔空间的种类、名称及其使用功能的了解，明确为满足设计功能而配置的设施种类、构造数量和配件规格等，从而与其他图纸相对照，做出必要研究并制订加工及购货计划。

(4) 尺寸与标注 通过该平面布置图上的文字标注，确认楼地面及其他可知部位饰面材料的种类、品牌和色彩要求，了解饰面材料间的区域关系、尺寸关系及衔接关系等。

对于平面图上纵横交错的尺寸数据，要注意区分建筑尺寸和设计尺寸。在设计尺寸中，要查清其中的定位尺寸、外形尺寸和构造尺寸，因为它们可确定各种应用材料的规格尺寸、材料之间以及材料与主体结构之间的连接方法。其中，定位尺寸是确定装饰面或装修造型在既定空间平面上的位置依据，定位尺寸的基准通常即是建筑结构面。外形尺寸即是装饰面或设计造型在既定空间平面上的外边缘或外轮廓形状尺寸。其位置尺寸取决于设计划分、造型的平面形态及其同建筑结构之间的位置关系。构造尺寸是指装饰面或设计造型的组成构件相互间的尺寸关系。

(5) 符号 通过图纸上的投影符号，明确投影面编号和投影方向，进而顺利查出各投影部位的立面图 (投影视图)，了解该立面的设计内容。通过图纸上的剖切符号，明确剖切位置及其剖切后的投影方向，进而查阅相应的剖面图、构造节点图或大样图，了解该部位的施工方式。

2. 基本绘制内容

(1) 形状与尺寸 平面布置图须标明设计空间的平面形状和尺寸，建筑物在图中的平面尺寸分为三个层次，即工程所涉及的主体结构或建筑空间的外包尺寸、各房间或各种分隔空间的设计平面尺寸、局部细节及工程增设装置的相应设计平面尺寸。对于较大规模的平面布置图，为了与主体结构明确对照以利于审图和识读，尚需标出建筑物的轴线编号及其尺寸关系，甚至标出建筑柱位编号。平面布置图还应该标明设计项目在建筑空间内的平面位置，及其与建筑结构的相互尺寸关系，标明设计项目的具体平面轮廓和设计尺寸。

(2) 细节图示 平面布置图须标明楼地面装饰材料、拼花图案、装修做法和工艺要求；标明各种设施、设备、固定家具的安装位置；标明它们与建筑结构的相互关系尺寸，并说明其数量、材质和制造 (或商用成品)。

为了进一步展示平面设计的合理性和适用性，大多设计者会在平面图上画出活动式家具、装饰陈设及绿化点缀等，这些就需要丰富的图库来支持。它们同工程施工并无直接关系，但能给甲方和施工人员提供有益的启示，便于对功能空间的理解和辨识。

(3) 设计功能 平面布置图应该标明与该平面图密切相关各立面图的视图投影关系，尤其是视图的位置与编号；标明各剖面图的剖切位置、详图及通用配件等的位置和编号；标明各种房间或装饰分隔空间的平面形式、位置和使用功能；标明走道、楼梯、防火通道、安全门、防火门或其他流动空间的位置和尺寸；标明门、窗的位置尺寸和开启方向；标明台阶、水池、组景、踏步、雨篷、阳台及绿化等设施和装饰小品的平面轮廓与位置尺寸。

2.2.4 案例分析：某家装平面布置图绘制方法

平面布置图的绘制基于基础平面图，手工制图可以将基础平面图的框架结构重新描绘一遍，计算机制图可以将基础平面图复制后保存即可继续绘制。

(1) 修整基础平面图 根据设计要求去除基础平面图上细节尺寸和标注，对于较简单的设计方案，无须绘制基础平面图，直接从平面布置图开始绘制，具体方法与绘制基础平面图相同。此外，要将墙体构造和门、窗的开启方向根据设计要求重新调整，尽量简化图面内容，为后期绘制奠定基础，并对图面做二次核对 (见图 2-12)。

图 2-12　平面布置图绘制步骤一

(2) 绘制构造与家具　在墙体轮廓上绘制设计的各种装饰形态，如各种凸出或内凹的装饰墙体、隔断。其后再绘制家具，家具绘制比较复杂，可以调用、参考各种图库或资料集中所提供的家具模块，各种时尚家具、电器、设备等最好能直接调用 (见图 2-13)。如果图中有投资方即将购买的成品家具，可以只绘制外轮廓，并标上文字说明。现代商业制图要求能让更多人群读懂，同时受到设计市场的竞争，平面布置图的图面效果越来越复杂，越来越唯美，这些都是通过构造与家具图库来表现的。

(3) 标注与填充　当主要设计内容都以图样的形式绘制完毕后，就需要在其间标注文字说明，如空间名称、构造名称、材料名称等 (见图 2-14)。空间名称可以标注在图中，其他文字如无法标注，可以通过引线标注在图外，但是要注意排列整齐。注意标注的文字不宜与图中的主要结构发生矛盾，避免混淆不清。平面布置图的填充主要针对图面面积较大的设计空间，一般是指地面铺装材料的填充，设计内容较简单的平面布置图可以在家具和构造的布局间隙全部填充，设计内容较复杂的可以局部填充，对于布局设计特别复杂的图纸，则不能填充，避免干扰主要图样，这就需要另外绘制地面铺装平面图。

图 2-13 平面布置图绘制步骤二

<u>平面布置图</u> 1:100

图 2-14 平面布置图绘制步骤三

2.2.5　地面铺装平面图

地面铺装平面图主要用于表现平面图中地面构造设计和材料铺设的细节，它一般作为平面布置图的补充，当设计对象的布局形式和地面铺装非常复杂时，就需要单独绘制该图。

地面铺装平面图的绘制以平面布置图为基础，首先去除所有可以移动的设计构造与家具，如门扇、桌椅、沙发、茶几、电器、设备、饰品等。但是须保留固定件，如隔墙、入墙柜体等，因为这些设计构造表面不需要铺设地面材料。然后给每个空间标明文字说明，环绕着文字来绘制地面铺装图样（见图 2-15）。对于不同种类的石材需要作具体文字说明，至于特别复杂的石材拼花图样需要绘制引出符号，在其后的图纸中增加绘制大样图。

图 2-15　地面铺装平面图

地面铺装平面图的绘制相对简单，但是一般不可缺少，尤其是酒店、餐厅等公共空间设计需要深入表现。

2.2.6　顶棚平面图

顶棚平面图又称为天花平面图，按规范的定义应是以镜像投影法绘制的顶棚平面图，用来表现设计者对设计空间顶棚的平面布置状况和与构造形态。顶棚平面图一般在平面布置图之后绘制，也属于常规图纸之一，它与平面布置图的功能一样，除了反映顶棚设计形式外，主要为绘制后期图纸奠定基础。

1. 识读要点

(1) 尺寸构造　了解既定空间内顶棚的设置类型和尺寸关系，明确平顶处理及悬吊顶棚的分布区域和位置尺寸，了解顶棚设计项目与建筑主体结构的衔接关系。

(2) 材料与工艺　熟悉顶棚设计的构造特点、各部位吊顶的龙骨种类、罩面板材质、安装施工方法等。通过查阅相应的剖面图及节点详图，明确主、次龙骨的布置方向和悬吊构造，明确吊顶板的安装方式。如果有需要，还要标明所用龙骨主配件、罩面装饰板、填充材料、增强材料、饰面材料以及连接紧固材料的品种、规格、安装面积、设置数量，以确定加工及购货计划。

(3) 设备　了解吊顶内的设备、管道和布线情况，明确吊顶标高、造型形式和收边封口处理。通过顶棚其他系统的配套图纸，确定吊顶空间构造层及吊顶面所设音响、空调送风、灯具、烟感器和喷淋头等设备的位置，明确隐蔽或明露要求以及各自的安装方法，明确工种分工、工序安排和施工步骤。

2. 基本绘制内容

顶棚平面图需要表明顶棚平面形态及其设计构造的布置形式和各部位的尺寸关系；表明顶棚施工所选用的材料种类与规格；表明灯具的种类、布置形式与安装位置；表明空调送风、消防自动报警、喷淋灭火系统以及与吊顶有关的音响等设施的布置形式和安装位置。对于需要另设剖面图或构造详图的顶棚平面图，应当表明剖切位置、剖切符号和剖切面编号。

2.2.7 案例分析：某家装顶面布置图绘制方法

顶面布置图是指将建筑空间距离地面 1.5 m 的高度水平剖切后向上看到的顶棚布置状态。可以将平面布置图的基本结构描绘或复制一份，去除中间的家具、构造和地面铺装图形，保留墙体、门窗位置 (去除门扇)，即可以在上面继续绘制顶面布置图。

(1) 绘制构造与设备　首先，根据设计要求绘制出吊顶造型的形态轮廓，区分不同高度上的吊顶层面。然后，绘制灯具和各种设备，注意具体位置应该以平面布置图中的功能分区相对应，灯具与设备的样式也可以从图库中调用，尽量具体细致，这样就无须另附图例说明，经过再次核对后才能进行下一步 (见图 2-16)。

(2) 标注与填充　当主要设计内容都以图样的形式绘制完毕后，也需要在其间标注文字说明，这主要包括标高和材料名称。注意标高三角符号的直角端点应放置在被标注的层面上，相距较远或被墙体分隔的相同层面需要重复标注。对于特殊电器、设备，可以采用引线引到图外标注，但是要注意排列整齐。其他要点同平面布置图 (见图 2-17)。

除了上述 4 种平面图外，在实际工作中，可能还需要细化并增加其他类型的平面图，如结构改造平面图、绿化配置平面图等，它们的绘制要点和表现方式都要以明确表达设计思想为目的，每一张图纸都要真正体现出自身作用。

图 2-16 顶棚平面图绘制步骤一

<u>顶棚平面图</u> 1:100

图 2-17 顶棚平面图绘制步骤二

设计说明的编写方法

课程贴士

设计说明是图纸绘制的重要组成部分，它能表述图面上不便反映的内容，一份完整的设计说明主要包括以下几个方面。

(1) 介绍设计方案：简要说明设计项目的基本情况，如所在地址、建筑面积、周边环境、投资金额、投资方要求、联系方式等。表述这些信息时，措辞不宜过于机械、僵硬。室内外设计已经深入到社会生活中了，需要让更多的人能读懂这类专业图纸。

(2) 提出设计创意：设计创意是指布局形式、风格流派和设计者的思维模式。提出布局形式能很好地表述空间功能，需要逐个表述空间的形态、功能、装饰手法。风格流派需要阐述历史与潮流，提出风格的适用性。至于设计者的思维模式可以先提出投资方的要求，再逐个应答，并加入设计者自己的想法。此外，还需说明最终实施的效果和优势，这一点在大型设计项目的竞标中非常重要。

(3) 材料配置：提出在该设计项目中运用到的特色材料，说明材料特性、规格、使用方法，尤其是要强调新型材料的使用优势，最好附带详细的材料购置清单，方便日后随时查阅。

(4) 施工组织：阐述各主要构造的施工方法，重点表述近年来较流行的新工艺，提出质量保障措施和施工监理，最好附带施工项目表。此外，还须介绍一下施工员的基本情况，尤其是主要施工负责人的专业背景和资历等。

(5) 设计者介绍：除了说明企业、设计师和绘图员等基本信息外，还需简要地表明工作态度和决心，以获取投资方更多的信任。

对于大多数投资方和施工员来说，他们对设计说明的质量要求甚至要超过对图纸的质量要求，因为文字阅读相对容易，传播范围会更广。

2.3 给排水图

给排水图是室内外设计制图中特殊专业制图之一，它主要表现设计空间中的给排水管布置、管道型号、配套设施布局、安装方法等内容，使整体设计功能更加齐备，保证后期给排水施工能顺利进行。给排水图通常分为给排水平面图和管道轴测图两种形式，它们在室内外设计制图中是不可或缺的组成部分。

在实际工作中，由于绘制给排水图比较枯燥，对于多数小型项目而言，很多水路施工员能凭借自身经验，在施工现场边设计边安装，因此很多设计者不够重视，一旦需要严格的图纸交付使用，就很难应对。绘制给排水图不仅要保持精密的思维，还要熟读国家标准，本节以《建筑给水排水制图标准》(GB/T 50106—2010) 和《房屋建筑制图统一标准》(GB/T 50001—2010) 为参考依据，列举两项典型案例来详细讲述绘制方法。

2.3.1　国家标准规范

1. 图线

给排水制图的主要绘制对象是管线，因此图线的宽度 B 应根据图纸的类别、比例和复杂程度，按《房屋建筑制图统一标准》(GB/T 50001—2010) 中所规定的线宽系列 2.0 mm、1.4 mm、1.0 mm、0.7 mm、0.5 mm、0.35 mm 中选用，宜为 0.7 mm 或 1.0 mm。由于管线复杂，在实线和虚线的粗、中、细三档线型的线宽中再增加了一档中粗线，因而线宽组的线宽比也扩展为粗∶中粗∶中∶细＝ 1 ∶ 0.7 ∶ 0.5 ∶ 0.25。给排水专业制图常用的各种线型宜符合表 2-5 的规定。

表 2-5　图线

名　　称	线　　型	线　　宽	用　　途
粗实线		B	新设计的各种排水和其他重力流管线
粗虚线		B	新设计的各种排水和其他重力流管线的不可见轮廓线
中粗实线		0.7B	新设计的各种给水和其他压力流管线；原有的各种排水和其他重力流管线
中粗虚线		0.7B	新设计的各种给水和其他压力流管线及原有的各种排水和其他重力流管线的不可见轮廓线
中实线		0.5B	给水排水设备、零（附）件的可见轮廓线；总图中新建的建筑物和构筑物的可见轮廓线；原有的各种给水和其他压力流管线
中虚线		0.5B	给水排水设备、零（附）件的不可见轮廓线；总图中新建的建筑物和构筑物的不可见轮廓线；原有的各种给水和其他压力流管线的不可见轮廓线
细实线		0.25B	建筑的可见轮廓线；总图中原有的建筑物和构筑物的可见轮廓线；制图中的各种标注线
细虚线		0.25B	建筑的不可见轮廓线；总图中原有的建筑物和构筑物的不可见轮廓线
单点长画线		0.25B	中心线、定位轴线
折断线		0.25B	断开界线
波浪线		0.25B	平面图中水面线；局部构造层次范围线；保温范围示意线

2. 比例

给水排水专业制图中平面图常用的比例宜与相应建筑平面图一致。在给排水轴测图中，如果表达有困难，该处可不按比例绘制。

3. 标高

标高符号及一般标注方法应符合《房屋建筑制图统一标准》(GB/T 50001—2010) 中的规定。室内工程应标注相对标高，室外工程宜标注绝对标高，当无绝对标高资料时，可标注相对标高，但应与《总图制图标准》(GB/T 50103—2010) 一致 (见图 2-18、图 2-19)。压力管道应标注管中心标高；沟渠和重力流管道宜标注沟 (管) 内底标高。在实际工程中，管道也可以标注相对本层地面的标高，标注方法为 H ＋ ×，如 H ＋ 0.025。在下列部位应标注标高。

(1) 沟渠和重力流管道的起讫点、转角点、连接点、变坡点、变坡尺寸 (管径) 点及交叉点；

(2) 压力流管道中的标高控制点；

(3) 管道穿外墙、剪力墙和构筑物的壁及底板等处；

(4) 不同水位线处；

(5) 构筑物和土建部分的相关标高。

图 2-18　平面图中标高方法　　　　　　　图 2-19　剖面图中标高方法

4. 管径

管径应该以 mm 为单位。水煤气输送钢管 (镀锌或非镀锌)、铸铁管等管材，管径宜以公称直径 DN 表示，如 DN20、DN50 等。无缝钢管、焊接钢管 (直缝或螺旋缝)、铜管、不锈钢管等管材，管径宜以 D 外径 × 壁厚表示，如 D108×4、D159×4.5 等 (见图 2-20)。钢筋混凝土或混凝土管、陶土管、耐酸陶瓷管、缸瓦管等管材，管径宜以内径 D 表示，如 D230、D380 等。塑料管材，管径宜按产品标准的表示方法表示。当设计均用公称直径 DN 表示管径时，应有公称直径 DN 与相应产品规格对照表。

5. 编号

当建筑物的给水引入管或排水排出管的数量超过 1 根时，宜进行编号 [见图

2-21(a)]。建筑物内穿越楼层的立管，其数量超过一根时宜进行编号[见图 2-21(b)]。

在总平面图中，当给排水附属构筑物的数量超过 1 个时，宜进行编号。编号方法为：构筑物代号—编号。给水构筑物的编号顺序宜为：从水源到干管，再从干管到到支管，最后到用户。排水构筑物的编号顺序宜为：从上游到下游，先干管后支管。当给排水机电设备的数量超过一台时，宜进行编号，并应有设备编号与设备名称对照表。

（a）单管管径表示法   （b）多管管径表示法

图 2-20 管径的标注方法

（a）给水引入（排水排出）管   （b）立管

图 2-21 管道编号表示法

6. 图例

由于管道是给排水工程图的主要表达对象，这些管道的截面形状变化小，一般细而长，分布范围广，纵横交叉，管道附件众多，因此有它特殊的图示特点。管道类别应以汉语拼音字母表示，并符合表 2-6 中的要求。

表 2-6 给排水图常用图例

序号	名　称	图　例	备　注	序号	名　称	图　例	备　注
1	生活给水管	—— J ——		4	废水管	—— F ——	可与中水源水管合用
2	热力给水管	—— RJ ——		5	通气管	—— T ——	
3	循环给水管	—— XJ ——		6	污水管	—— W ——	

86

序号	名　称	图　例	备　注	序号	名　称	图　例	备　注
7	雨水管	——— Y ———		20	承插连接		
8	保温管			21	活接头		
9	多孔管			22	管堵		
10	防护管套			23	法兰堵盖		
11	管道立管	XL-1　XL-1　平面　系统	X：管道类别 L：立管 1：编号	24	弯折管		表示管道向下及向后弯转90°
12	立管检查口			25	三通连接		
13	清扫口	平面　系统		26	四通连接		
14	通气帽	成品　铅丝球		27	盲管		
15	排水漏斗	平面　系统		28	管道丁字上接		
16	圆形地漏	平面　系统	通用，如为无水封，地漏应加存水弯	29	管道丁字下接		
17	方形地漏			30	管道交叉		在下方和后面的管道应断开
18	自动冲水箱			31	短管		
19	法兰连接			32	存水弯		

续表

序号	名 称	图 例	备 注	序号	名 称	图 例	备 注
33	弯头			46	延时自闭冲洗阀		
34	正三通			47	放水龙头	平面 系统	
35	斜三通			48	脚踏开关		
36	正四通			49	消防栓给水管	—XH—	
37	斜四通			50	自动喷水灭火给水管	—ZP—	
38	闸阀			51	室外消火栓		
39	角阀			52	室内消火栓(单口)	平面 系统	白色为开启面
40	三通阀			53	室内消火栓(双口)	平面 系统	
41	四通阀			54	自动喷洒头(开式)	平面 系统	
42	截止阀	DN≥50 DN<50		55	自动喷洒头(闭式)	平面 系统	下喷
43	电动阀					平面 系统	上喷
44	电磁阀	M				平面 系统	上下喷
45	浮球阀	平面 系统		56	雨淋灭火给水管	—YL—	

序号	名称	图例	备注	序号	名称	图例	备注
57	水幕灭火给水管	—— SM ——		67	立式小便器		
58	立式洗脸盆			68	壁挂式小便器		
59	台式洗脸盆			69	蹲式大便器		
60	挂式洗脸盆			70	坐式大便器		
61	浴盆			71	小便槽		
62	化验盆、洗涤盆			72	淋浴喷头		
63	带沥水板洗涤盆		不锈钢制品	73	水泵	平面　系统	
64	盥洗槽			74	开水器		
65	污水池			75	水表		
66	妇女卫生盆						

2.3.2 识读要点

由于给排水图中的管道和设备非常复杂,在识读给排水图时要注意以下几点。

1. 正确认识图例

给水与排水工程图中的管道及附件、管道连接、阀门、卫生器具及水池、设备及仪表等,都要采用统一的图例表示。在识读图纸时最好能随身携带一份国家标准图例,应用时可以随时查阅该标准。凡在该标准中尚未列入的,可自设图例,但在图纸上应专门画出自设的图例,并加以说明,以免引起误解。

2. 辨清管线流程

给水与排水工程中管道很多,常分成给水系统和排水系统。它们都按一定方向通过干管、支管,最后与具体设备相连接。如室内给水系统的流程为:进户管(引入管)—水表—干管—支管—用水设备;室内排水系统的流程为:排水设备—支管—干管—户外排出管。常用 J 作为给水系统和给水管的代号,用 F 作为废水系统和废水管的代号,用 W 作为污水系统和污水管的代号，现代住宅、商业和办公空间的排水管道基本都以 W 作为统一标识。

3. 对照轴测图

由于给排水管道在平面图上较难表明它们的空间走向，所以在给水与排水工程图中，一般都用轴测图直观地画出管道系统，称为系统轴测图，简称轴测图或系统图。阅读图纸时，应将轴测图和平面图对照识读。轴测图能从空间上表述管线的走向，表现效果更直观。

4. 配合原始建筑图

由于给排水工程图中管道设备的安装，需与土建施工密切配合，所以给排水施工图也应与土建施工图（包括建筑施工图和结构施工图）相互密切配合。尤其在留洞、预埋件、管沟等方面对土建的要求，须在图纸上表明。

89

2.3.3　给排水平面图

在室内外设计方案中，给排水施工图是用来表示卫生设备、管道、附件的类型、大小及其在空间中的位置、安装方法等内容的图样。由于给排水平面图主要反映管道系统各组成部分的平面位置，因此，设计空间的轮廓线应与设计平面图或基础平面图一致。一般只要抄绘墙身、柱、门窗洞、楼梯等主要构配件，至于细部、门窗代号等均可略去。底层平面图（即 ±0.000 标高层平面图）应在右上方绘出指北针。卫生设备和附件中有一部分是工业产品，如洗脸盆、大便器、小便器、地漏等，只表示出它们的类型和位置；另一部分是在后期施工中需要现场制作的，如厨房中的水池（洗涤盆）、卫生间中的大小便槽等，这部分图形先由建筑设计人员绘制，在给排水平面图中仅需抄绘其主要轮廓。

给排水管道应包括立管、干管、支管，并标注出管径，底层给排水平面图中还有给水引入管和废水、污水排出管。为了便于读图，在底层给排水平面图中的各种管道要按系统编号，系统的划分视具体情况而异，一般给水管以每一引入管为一个系统，污水、废水管以每一个承接排水管的检查并为一个系统。此外，图中的图例应采用标准图例，自行增加的标准中未列的图例，应附上图例说明，但为了使施工员便于阅读图纸，无论是否采用标准图例，最好都能附上各种管道及卫生设备等的图例，并对施工要求和有关材料等内容用文字加以说明。通常将图例和施工说明都附在底层给排水平面图中。

2.3.4　案例分析：某家装给排水平面图绘制方法

绘制给排水平面图注重图纸的表意功能，需要精密的思维，具体绘制方法可以分为 3 个步骤。

1. 抄绘基础平面图

先抄绘的基础平面图中的墙体、门、窗等固定构造形态，再绘制现有的给排水立管和卫生设备。选用比例宜根据图纸的复杂程度合理选择，一般采用与平面图相同的比例。由于平面布局不是该图的主要内容，所以墙、柱、门、窗等都用细实线表示（见图 2-22）。抄绘建筑平面图的数量，宜视卫生设备和给排水管道的具体状况来确定。

对于多层建筑，由于底层室内管道需与室外管道相连，必须单独画出一个完整的平面图。其他楼层的平面图只抄绘与卫生设备和管道布置有关的部分即可，但是还应分层抄绘，如果楼层的卫生设备和管道布置完全相同，也可以只画出相同楼层的一个平面图，但在图中必须注明各楼层的层次和标高。设有屋顶水箱的楼层可以单独画出屋顶给排水平面图，当管道布置不太复杂时，也可在最高楼层给排水平面图中用中虚线画出水箱的位置。

各类卫生设备一般根据国家标准图例，用中实线画出其平面图形的外轮廓。现代室内外设计制图追求唯美的图面效果，可以使用成品图库中的图样。对于非标准设计的设施和器具，则应在建筑施工图中另附详图，这里就不必详细画出其形状。如果在施工或安装时有所需要，可注明它们的定位尺寸。本例中的卫生设备，如洗脸盆、浴盆、坐式大便器等，都采用定型产品，按相关图集安装。

图 2-22　给排水平面图绘制步骤一

2. 连接管线

当所有卫生设备和给排水立管绘制完毕后就可以绘制连接管线，管线的绘制顺序是先连接给水管，再连接排水管，管线连接尽量简洁，避免交叉过多、转角过多，尽量降低管线连接长度。管线应采用汉语拼音字头代号来表示管道类别，此外，还可以使用不同线形来区分，这对较简单的给排水制图比较适用，如中粗实线表示冷给水管，中粗虚线表示热给水管，粗单点画线表示污水管等（见图 2-23）。凡是连接某楼层卫生设备的管道，无论是安装在楼板上，还是楼板下，都可以画在该楼层平面图中。也无论管道投影是否可见，都按原线型表示。给排水平面图按投影关系表示了管道的平面布置和走向，对管道的空间位置表达得不够明显，所以还必须另外绘制管道的系统轴测图。管道的长度是在施工安装时，根据设备间的距离，直接测量截割的，所以在图中不必标注管长。

图 2-23　给排水平面图绘制步骤二

3. 标注与图例

连接管线后要注意检查、核对，发现错误与不合理的地方要及时更正。给排水管（包括低压流体输送用的镀锌焊接钢管、不涂锌焊接钢管、铸铁管等）的管径尺寸应以 mm 为单位，以公称直径 DN 表示，如 DN15、DN50 等，一般标注在该管段的旁边，如位置不够时，也可用引出线引出标注。标注顺序一般为先标注立管，再标注横管，先标注数字和字母，再书写汉字标题。绘制图例要完整，图例大小一般应该与平面图一致，对于过大或过小的构件可以适当扩减。标注完成再重新检查一遍，纠正错误（见图 2-24）。

图例：
- 冷给水管
- 热给水管
- 污水管
- 给水立管
- 排水立管
- 地漏
- 水阀
- 水表
- 热水器　R
- 放水龙头
- 洗面盆
- 洗菜盆
- 坐便器

<u>给排水平面图</u> 1:50

图 2-24　给排水平面图绘制步骤三

2.3.5 管道轴测图

管道轴测图能在给排水平面图的基础上进一步深入表现管道的空间布置情况，需要先绘制给排水平面图 (见图 2-25),再根据管道布置形式绘制管道轴测图。管道轴测图上需要表示各管段的管径、坡度、标高及附件在管道上的位置，因此又称为给排水系统轴测图，一般采用与给排水平面图相同的比例。

给排水平面图 1: 50

图 2-25 给排水平面图

2.3.6 案例分析：某家装给排水管道轴测图绘制方法

绘制给排水管道轴测图要注重图纸的空间关系，要求在二维图纸上表现三维效果，具体步骤如下。

1. 正面斜轴测图

在绘图时，按轴向量取长度较为方便。国家标准规定，给排水轴测图一般按 45° 正面斜轴测投影法绘制，如图 2-26 所示。

由于管道轴测图通常采用与给排水平面图相同的比例，沿坐标轴 X、Y 方向的管道，不仅与相应的轴测轴平行，而且可从给排水平面图中量取长度。平行于坐标轴 Z 方向的管道，则也应与轴测轴 OZ 相平行，且可按实际高度以相同的比例

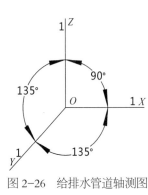

图 2-26 给排水管道轴测图
所用的正面斜等测

作出。凡不平行坐标轴方向的管道，则可通过作平行于坐标轴的辅助线，从而确定管道的两端点。

2. 管道绘制

管道系统一般按给排水平面图中进出口编号进行划分，分别绘制出各管道系统的轴测图可避免过多的管道重叠和交叉。为了与平面图相呼应，每个管道轴测图都应该编号，且编号应与底层给排水平面图中管道进出口的编号相一致。

给水、废水、污水轴测图中的管道可以都用粗实线表示，其他的图例和线宽仍按原规定。在轴测图中不必画出管件的接头形式。在管道系统中的配水器，如水表、截止阀、放水龙头等，可用图例画出，但不必每层都画，相同布置的各层，可只将其中的一层画完整，其他各层只需在立管分支处用折断线表示。

在排水轴测图中，可以用相应图例画出卫生设备上的存水弯、地漏或检查口等。排水横管虽有坡度，但是由于比例较小，故可画成水平管道。由于所有卫生设备或配水器具已在给排水平面图中表达清楚，故在排水管道轴测图中就没有必要画出。

为了反映管道和建筑构造的联系，轴测图中还要画出被管道穿越的墙、地面、楼面、屋面的位置，一般用细实线画出地面和墙面，并加轴测图中的材料图例线，用一条水平细实线画出楼面和屋面。对于水箱等大型设备，为了便于与各种管道连接，可用细实线画出其主要外形轮廓的轴测图。当管道在系统图中交叉时，应在鉴别其可见性后，在交叉处将可见的管道画成延续，而将不可见的管道画成断开。当在同一系统中的管道因互相重叠和交叉而影响轴测图的清晰度时，可将一部分管道平移至空白位置画出，称为移置画法 (见图 2-27)。

3. 管道标注

管道的管径一般标注在该管段旁边，标注空间不够时，可用指引线引出标注，室内给排水管道标注公称直径 DN。管道各管段的管径要逐段标注，当不连续的几段管径都相同时，可以仅标注它的始段和末段，中间段可以省略不标注。凡有坡度的横管 (主要是排水管)，都要在管道旁边或引出线上标注坡度 (见图 2-28)。当排水横管采用标准坡度时，则在图中可省略不标注，而须在施工图的说明中写明。

室内管道轴测图中标注的标高是相对标高，即以底层室内主要地面为 ±0.000。在给水轴测图中，标高以管中心为准，一般要注出引入管、横管、阀门及放水龙头，卫生设备的连接支管，各层楼地面及屋面，与水箱连接的各管道，以及水箱的顶面和底面等构造的标高。在排水轴测图中，横管的标高以管内底为准，一般应标注立管上的通气帽、检查口、排出管的起点标高。其他排水横管的标高，一般根据卫生设备的安装高度和管件的尺寸，由施工员决定。此外，还要标注各楼层地面及屋面的标高。

总之，绘制水路图需要认真思考，完成后要反复检查，严格按照国家标准图例规范制图。

给水轴测图 1:50

图 2-27　给水轴测图

排水轴测图 1:50

图 2-28　排水轴测图

2.4　电　气　图

电气图是一种特殊的专业技术图，涉及专业、门类很多，能被各行各业广泛采用。室内外设计制图中的电气图集建筑装饰、室内设计、园林景观设计于一体，它既要表现设计构造，又要注重图面美观，还要让读图者看懂。因此，绘制电气图要特别严谨。

室内外设计电气图主要分为强电图和弱电图两大类。一般将交流电或电压较高的直流电称为强电，如 220 V。弱电一般指直流通信、广播线路上的直流电，电压通常低于 36 V。这些电气图一般都包括电气平面图、系统图、电路图、设备布置图、综合布线图、图例、设备材料明细表等。其中需要在室内外设计中明确表现的是电气平面图和配电系统图。

电气平面图需要表现各类照明灯具，配电设备(配电箱、开关)，电气装置的种类、型号、安装位置和高度，以及相关线路的敷设方式、导线型号、截面、根数，线管的种类、管径等安装所应掌握的技术要求。为了突出电气设备和线路的安装位置、安装方式，电气设备和线路一般在简化的平面布置图上绘出，图上的墙体、门窗、楼梯、房间等平面轮廓都用细实线严格按比例绘制，但电气设备如灯具、开关、插座、配电箱和导线等并不按比例绘制形状，而是用中粗实线绘制的图形符号来表示。导线和设备的空间位置、垂直距离应按建筑不同标高的楼层地面分别画出，并标注安装标高等信息，如 BLV 代表聚氯乙烯绝缘导线、BLX 代表铝芯橡胶绝缘导线等。

配电系统图是表现设计空间中的室内外电力、照明与其他日用电器供电、配电的图样。它主要采用图形符号来表达电源的引进位置，如配电箱、分配电箱、干线分布，各相线分配，电能表、熔断器的安装位置，以及这些构造的相互关系和敷设方法等。

其他种类电气图

课程贴士

(1) 电路图：也可以称为接线图或配线图，是用来表示电气设备、电器元件和线路的安装位置、接线方法、配线场所的一种图。一般电路图包括两种，一种是属于电气安装施工中的强电部分，主要表达和指导安装各种照明灯具、用电设施的线路敷设等安装图样；另一种电路图是属于电气安装施工中的弱电部分，是表示和指导安装各种电子装置与家用电器设备的安装线路和线路板等电子元器件规格的图样。

(2) 设备布置图：是按照正投影图原理绘制的，用以表现各种电气设备和器件的设计空间中的位置、安装方式及其相互关系的图样。通常由水平投影图、侧立面图、剖面图及各种构件详图等组成。例如：灯位图是一种设备布置图，主要为了不使工程的结构施工与电气安装施工产生矛盾。灯位图在表明灯具的种类、规格、安装位置和安装技术要求的同时，还要求详细地画出部分建筑结构。灯位图无论是对于电气安装工人，还是结构施工人员，都有很大的作用。

(3) 安装详图：是表现电气工程中设备某一部分的具体安装要求和做法的图样。国家已有专门的安装设备标准图集可供选用。

2.4.1 国家标准规范

电气图的应用较广泛，本节主要根据《水电水利工程电气制图标准》(DL 5350—2006)和《电气简图用图形符号》(GB/T 4728.11—2008) 来讲述。

1. 常用表示方法

电气图中各组件常用的表示方法很多，有多线表示法、单线表示法、连接表示法、半连接表示法、不连接表示法和组合法等。根据图纸的用途、图面布置、表达内容、功能关系等，可选用其中一种表示法，也可将几种表示法结合运用。具体线型使用方式见表2-7。

表 2-7 图线

名　称	线　型	线　宽	用　途
中粗实线	——————————	0.75B	基本线、轮廓线、导线、一次线路、主要线路的可见轮廓线
中粗虚线	—— —— —— ——	0.75B	基本线、轮廓线、导线、一次线路、主要线路的不可见轮廓线
细实线	——————————	0.25B	二次线路、一般线路、建筑物与构筑物的可见轮廓线
细虚线	— — — — — — —	0.25B	二次线路、一般线路、建筑物与构筑物的不可见轮廓线、屏蔽线、辅助线
单点长画线	— · — · — · —	0.25B	控制线、分界线、功能图框线、分组图框线等
双点长画线	— · · — · · —	0.25B	辅助图框线、36V 以下线路等
折断线	——⌇——	0.25B	断开界线

(1) 多线表示法　元件之间的连线按照导线的实际走向逐根分别画出 (见图 2-29)。

(2) 单线表示法　各元件之间走向一致的连接导线可用一条线表示，我们可在线条上画上若干短斜线表示根数，或者在一根短斜线旁标注数字表示导线根数 (一般用于三根以上导线数)，即图上的一根线实际代表一束线。某些导线走向不完全相同，但在某段上相同、平行的连接线也可以合并成一条线，在走向变化时，再逐条分出去，使图面保持清晰，单线法表示的线条可以编号 (见图 2-30)。

(3) 组合线表示法　在同一图样中，必要时可以将多线表示法和单线表示法组合起来使用，在复杂连接的地方使用多线表示法，在比较简单的地方使用单线表示法。线路的去向可以用斜线表示，以方便识别导线的汇入与离开线束的方向 (见图 2-31)。

图 2-29　多线表示法

图 2-30　单线表示法

图 2-31　组合线表示法

(4) 指引线标注　指引线一般为细实线。在电气施工图中，为了标记和注释图样中的某些内容，需要用指引线在旁边标注简短的文字说明，指向被注释的部位。指向轮廓线内，线端以圆点表示〔见图 2-32(a)〕；指向轮廓线上，线端以箭头表示〔见图 2-32(b)〕；指向电路线上，线端以短斜线表示〔见图 2-32(c)〕。

图 2-32　指引线末端标注

2. 电气简图

电气图中，应尽量减少导线、信号通路、连接线等图线的交叉、转折。电路可水平布置或垂直布置。电路或元件宜按功能布置，尽可能按工作顺序从左到右、从上到下排列。连接线不应穿过其他连接的连接点。连接线之间不应在交叉处改变方向。图中可用点划线图框显示出图表示的功能单元、结构单元或项目组(如继电器装置)，图框的形状可以是不规则的。当图框内含有不属于该单元的元件符号时，须对这些符号加双点划线图框，并加注代号或注解。

在同一张图中，连接线较长或连接线穿越其稠密区域时，可将连接线中断，并在中断处加注相应的标记，或加区号。去向相同的线组，可以中断，并在线组的中断处加注标记。线路须在图中中断且转至其他图纸时，应在中断处注明图号、张次、图幅分区代号等标记。若在同一张图纸上有多处中断线，必须采用不同的标记加以区分。单线表示法规定一组导线的两端各自按顺序编号。两个或两个以上的相同电路，可只详细画出其中之一，其余电路用图框加文字说明表示。

此外，在简单电路中，可采用连接表示法，把功能相关的图形符号集中绘制在一起，驱动与被驱动部分用机械连接线连接［见图2-33(a)］。在较复杂电路中，为使图形符号和连接线布局清晰，可采用半连接表示法，把功能相关的图形符号在简图上分开布置，并用虚线连接符号表示它们之间的关系。此时，连接线允许弯折、交叉和分支［见图2-33(b)］。在非常复杂电路中也可将功能相关的图形符号彼此分开画出，也可不用连接线连接，但各符号旁应标出相同的项目代号［见图2-33(c)］。

图2-33　简单线路连接表示法

照明及其控制系统，如常见的开关、灯具等设备，绘制时需要理清连接顺序。

(1) 一个开关控制一盏灯　通常最简单的照明布置，是在一个空间内设置一盏照明灯，由一只开关控制即可满足需要［见图2-34(a)］。

(2) 两个开关控制一盏灯　为了使用方便，两只双控开关在两处控制一盏灯也比较常见。通常用于面积较大的空间或楼梯，便于从两处位置进行控制［见图2-34(b)］。

(3) 多个开关控制多盏灯　很多复杂环境需要不同的亮度和照明类型，因此需要设置数量不同的灯具形式，用多个开关控制多盏不同类型和数量的灯［见图2-34(c)］。

图2-34　开关控制连接简图

3.标注与标高

(1) 标注　当使用连接表示法和半连接表示法时，项目代号只在符号近旁标一次，并与设备连接对齐。当使用不连接表示法时，项目代号在每一项目符号近旁标出。当电路水平布置时，项目代号一般标注在符号的上方；垂直布置时，一般标注在符号的左方。

(2) 标高　在电气图中，线路和电气设备的安装高度需要标注标高，通常采用与建筑施工图相统一的相对标高，或者相对本楼层地面的相对标高。如某设计项目的电气施工图中标注的总电源进线安装高度为 5.0 m，是指相对建筑基准标高 ±0.000 的高度，而内部某插座安装高度 0.4 m，则是指相对本楼层地面的高度，一般表示为 nF + 0.4 m。

4. 图形符号

图形符号一般分为限定符号、一般符号、方框符号等。限定符号不能单独使用，必须同其他符号组合使用，构成完整的图形符号。在不改变符号含义的前提下，符号可根据图面布置的需要旋转，但文字应水平书写。图形符号可根据需要缩放。当一个符号用以限定另一符号时，该符号一般缩小绘制。符号缩放时，各符号间及符号本身的比例应保持不变。有些图形符号具有几种图形形式，使用时应优先采用"优选形"。在同一设计项目中，只能选用同一种图形形式。图形符号的大小和线条的粗细均要求基本一致，图形符号中的文字符号、物理量符号等，应视为图形符号的组成部分。同一图形符号表示的器件，当其用途或材料不同时，应在图形符号的右下角用大写英文名称的字头表示其区别。

对于国家标准中没有的图形符号可以根据需要创建，但是要在图纸中标明图例供查阅，并不得与国家标准相矛盾。表 2-8 中列举了电气图中常用的图形符号。

表 2-8　电气图常用图例

序号	名　称	图　例	备　注	序号	名　称	图　例	备　注
1	屏、台、箱、柜	▭	一般符号	5	灯	⊗	一般符号
2	照明配电箱	▮ / ▬	必要时可涂红、需要时符号内可标示电流种类	6	电铃	⌓	
3	多种电源配电箱	◪		7	电警笛报警器	△	
4	电能表	Wh	测量单相传输能量	8	单相插座	明装　暗装　密闭防水　防爆	

序号	名 称	图 例	备 注	序号	名 称	图 例	备 注
9	带保护触点插座、带接地插孔的单相插座	明装 暗装 密闭防水 防爆		20	具有指示灯的开关		用于不同照度
10	带接地插孔的三相插座	明装 暗装 密闭防水 防爆		21	多拉开关		
11	插座箱			22	投光灯		
12	带电极开关的插座			23	聚光灯		
13	单极开关	明装 暗装 密闭防水 防爆		24	泛光灯		
14	双极开关	明装 暗装 密闭防水 防爆		25	荧光灯	单管 三管 五管 防爆	
15	三极开关	明装 暗装 密闭防水 防爆					
16	声控开关			26	应急灯		自带电源
17	光控开关	TS		27	火灾报警控制器	B	
18	单极限时开关	t		28	烟感火灾探测器		点式
19	双控开关		单极三线	29	温感火灾探测器	W	点式

续表

序号	名　称	图　例	备　注	序号	名　称	图　例	备　注
30	火灾报警按钮			37	摄像机	普通 球形 带防护罩	
31	气体火灾探测器			38	电信插座		
32	火焰探测器			39	带滑动防护板插座		
33	火警电铃			40	多个插座	3	表示三个插座
34	火警电话			41	配线	向上　向下　垂直	
35	火灾警报器			42	导线数量	三根 N N根	
36	消防喷淋器						

2.4.2　识读要点

1. 电气线路的组成

电气线路主要由下面几部分组成。

(1) 进户线　进户线通常是由供电部门的架空线路引进建筑物中，如果是楼房，进户线一般是进入楼房的二层配电箱前的一段线路。

(2) 配电箱　进户线首先接入总配电箱，然后再根据需要分别接入各个分配电箱。配电箱是电气照明工程中的主要设备之一，现代城市多数用暗装(嵌入式)的方式进行安装，绘出电气系统图即可。

(3) 照明电气线路　分为明敷设和暗敷设两种施工方式，暗敷设是指在墙体内和吊顶棚内采用线管配线的敷设方法进行线路安装。线管配线就是将绝缘导线穿在线管内的一种配线方式，常用的线管有薄壁钢管、硬塑料管、金属软管、塑料软管等。在有易燃材料的线路敷设部位必须标注焊接要求，以避免产生打火点。

(4) 空气开关　为了保证用电安全，应根据负荷选定额定电压和额定电流的空气开关。

(5) 灯具　在一般设计项目中常用的灯具有吊灯、吸顶灯、壁灯、荧光灯、射灯等。

在图样上以图形符号或旁标文字表示，进一步说明灯具的名称、功能。

(6) 电气元件与用电器　主要是各类开关、插座和电子装置。插座主要用来插接各种移动电器和家用电器设备的，应明确开关、插座是明装还是暗装，以及它们的型号。各种电子装置和元器件则要注意它们的耐压性和极性。其他用电器主要有电风扇、空调器等。

2. 电气图识读要点

电气图主要表达各种线路敷设安装、电气设备和电气元件的基本布局状况，因此要采用各种相关的专业图形符号、文字符号和项目代号来表示。电气系统和电气装置主要是由电气元件和电气连接线构成的，所以电气元件和电气连接线是电气图表达的主要内容。室内外设计中的电气设备和线路是在简化的建筑结构施工图上绘制的，因此阅读时应掌握合理的看图方法，了解国家建筑相关标准、规范，掌握一些常用的电气工程技术，结合其他施工图，才能较快地读懂电气图。

(1) 熟悉工程概况　电气图表达的对象是各种设备的供电线路。看电气照明工程图时，先要了解设计对象的结构，如楼板、墙面、材料结构、门窗位置、房间布置等。识读时要重点掌握配电箱的型号、数量、安装位置和标高以及配电箱的电气系统。了解各类线路的配线方式，敷设位置，线路的走向，导线的型号、规格及根数，导线的连接方法。确定灯具、开关、插座和其他电器的类型、功率、安装方式、位置、标高、控制方式等信息。在识读电气照明工程图时要熟悉相关的技术资料和施工验收规范。如果在平面图中，开关、插座等电气组件的安装高度在图上没有标出，施工者可以依据施工及验收规范进行确定。例如，开关组件一般安装在高度距地面 1300 mm、距门框 150 ～ 200 mm 的位置。

(2) 常用照明线路分析　在大多数工程实践中，灯具和插座一般都是并联于电源进线的两端，相线必须经过开关后再进入灯座，零线直接进灯座，保护接地线与灯具的金属外壳相连接。通常在一个设计空间内，有很多灯具和插座，目前广泛使用的是线管配线、塑料护套线配线的安装方式，线管内不允许有接头，导线的分路接头只能在开关盒、灯头盒、接线盒中引出，这种接线法称为共头接线法。当灯具和开关的位置改变，进线方向改变，线路并头的位置改变，都会导致导线根数的变化。所以必须了解导线根数变化的规律，掌握照明灯具、开关、插座、线路敷设的具体位置、安装方式。

(3) 结合多种图纸识读　识读电气图时要结合各种图样，并注意一定的顺序。一般来说，看图顺序是施工说明、图例、设备材料明细表、系统图、平面图、线路和电气原理图等。从施工说明了解工程概况，图样所用的图形符号，该工程所需的设备、材料的型号、规格和数量。由于电气施工需与土建、给排水、供暖通风等工程配合进行，如电气设备的安装位置与建筑物的墙体结构、梁、柱、门窗及楼板材料有关，尤其是暗敷线路的敷设还会与其他工程管道的规格、用途、走向产生制约关系。所以看图时还必须查看有关土建图和其他工程图，了解土建工程和其他工程对电气工程的影响。此外，读图时要将平面图和系统图相结合。一般而言，照明平面图能清楚地表现灯具、开关、插座和线路的具体位置及安装方法。但同一方向的导线只用一根线表示，这时要结合系统图来分析其连接关系，逐步掌握接线原理并找出接线位置，这样穿线、并头、接线就不容易搞错了。在实际施工中，重点是掌握原理图，不论灯具、开关位置的变动如何，原理图始终不变。

常用弱电系统

课程贴士

目前，一个完善的建筑具备照明电器、空调、给排水等基础设施和相关的弱电设施。目前，弱电项目在设计施工中的比例正逐渐上升。火灾消防自动报警系统、防盗安保系统、有线电视系统、电话通信系统等弱电工程，已经成为现代生产、生活必备的保障系统。

(1) 火灾消防自动报警系统：一般都采用 24 V 左右的工作电压，故称为弱电工程，但其中的自动灭火装置一般仍为强电控制。消防自动报警系统自动监测火灾迹象，并自动发出火灾报警和执行某些消防措施。所涉及的消防报警系统主要由火灾探测器、报警控制按钮部分组成，联动控制、自动灭火装置等则作为住宅消防系统整体集中控制。

(2) 防盗安保系统：是现代安全保障重要的监控设施之一，包括防盗报警器系统、电子门禁系统、对讲安全系统等内容。其设备主要有防盗报警器、电子门锁、摄像机等，图纸主要有防盗报警系统框图、防盗监视系统设备图及线路平面图。

(3) 有线电视系统：又称共用天线电视系统，是通过同轴电缆连接多台电视机，共用一套电视信号接收装置、前端装置和传输分配线路的有线电视网络。有线电视系统工程图是有线电视配管、预埋、穿线、设备安装的主要依据，图纸主要有系统图、有线电视设备平面图、设备安装详图等。

(4) 电话通信系统：主要包括电话通信、电话传真、电传、电脑联网等设备的安装。图纸主要有电话配线系统框图、电话配线平面图、电话设备平面图等。

2.4.3　案例分析：某办公间空间强电图与弱电图绘制方法

1. 强电图

绘制强电平面图首先要明确空间电路使用功能。主要根据前期绘制完成的平面布置图(见图 2-35) 和顶棚平面图来构思。

首先，描绘出平面布置图中的墙体、结构、门窗等图线。为了明确表现电气图，基础构造一般采用细实线绘制，可以简化或省略各种装饰细部，注意描绘各种插座、开关、设备、构造和家具，这些是定位绘制的基础。平面图描绘完成后需要检查一遍，然后开始绘制各种电器、灯具、开关、插座等符号，图形符号要适中，尤其是在简单平面图中不宜过大，在复杂平面图中不宜过小，复杂平面图可以按结构或区域分为多张图纸绘制。绘制图形符号要符合国家标准，尤其是符号图线的长短要与国家标准一致，不得擅自改变。一边绘制图形符号，一边绘制图例，避免图例中存在遗漏。最后，为各类符号连接导线，导线绘制要求尽量简洁，不宜转折过多或交叉过多。对于非常复杂的电气图，可以使用线路标号来替代连接线路，过于凌乱的导线会干扰图面阅读效率，影响正确识读。连接导线后需要添加适当文字标注并编写设计说明，对于图纸无法清晰表现的内容需要文字来辅助说明（见图 2-36）。全部绘制完成后做第二遍检查，避免出现疏漏。

平面布置图 1:200

图 2-35　办公空间平面布置图

强电平面图 1:200

图 2-36　强电平面图

强电平面图绘制完成后可以根据需要绘制相应的配电系统图（见图 2-37）。

图 2-37　配电系统图

2. 弱电图

强电（电力）和弱电（信息）两者之间既有联系又有区别，一般来说强电的处理对象是能源（电力），其特点是电压高、电流大、功率大、频率低，主要考虑的是减少损耗、提高效率。弱电的处理对象主要是信息，即信息的传送和控制，其特点是电压低、电流小、功率小、频率高，主要考虑的是信息传送的效果问题，如信息传送的保真度、速度、广度、可靠性。弱电系统工程虽然涉及火灾消防自动报警、有线电视、防盗安保、电话通信等多种系统，但工程图样的绘制除了图例符号有所区别以外，画法基本相同。主要有弱电平面图、弱电系统图和安装详图等几种。

弱电平面图与强电平面图相似，主要是用来表示各种装置、设备元器件和线路平面位置的图样。弱电系统图则是用来表示弱电系统中各种设备和元器件的组成、元器件之间相互连接关系的图样，对指导安装和系统调试有重要的作用。具体绘制方法与强电图一样（见图 2-38），故省略了相应的配电系统图。

图例：

网线插座

电话插座

烟感火灾
探测器

火灾报警
按钮

火灾报警
控制器

弱电配电箱

设计说明：
　　如无特殊说明，本图网线、
电话插座安装高度为300mm，网
络采用无线路由器，火灾报警
按钮安装高度为1300mm；烟感
火灾探测器安装高度为吊顶扣
板高度3000mm。

弱电平面图 1:200

图 2-38　弱电平面图

2.5　暖通空调图

　　暖通与空调系统是为了改善现代生产、生活条件而设置的，它主要包括采暖、通风、空气调节等内容。我国北方地区冬季温度较低，为了提高室内温度，通常采用供暖系统向室内供暖。此外，暖通与空调系统能将室内污浊的空气排出室外，同时向室内补充新鲜的空气，更高要求的暖通与空调系统还能调节室内空气的温度、湿度、气流速度等。除了日常生活中使用的空调器、取暖器等单体家用电器外，在大型住宅和公共空间设计中需要采用集中暖通与空调系统，这些设备、构造的方案实施就需要绘制相应的图纸。虽然暖通、空调系统的工作原理各不相同，但是其相应图纸绘制方法相似，在设计制图中仍需要根据设计要求分别绘制。

　　本节以一项KTV娱乐空间设计方案为例，分别讲述热水暖通图与空调图的绘制方法。

2.5.1　国家标准规范

　　绘制暖通空调专业图纸要求以《暖通空调制图标准》(GB/T 50114—2010)为根据，保证图面清晰、简明，符合设计、施工、存档的要求。该标准主要适用于暖通空调设计中的新建、改建、扩建工程各阶段设计图、竣工图；适用于原有建筑物、构筑物等的实测图；适用于通用设计图、标准设计图。暖通空调专业制图还应符合《房屋建筑制图统一标准》(GB/T 50001—2010)以及国家现行有关强制性标准的规定。

1. 一般规定

图线的基本宽度 B 和线宽组，应根据图样的比例、类别及使用方式确定。基本宽度 B 宜从 0.18 mm、0.35 mm、0.5 mm、0.7 mm、1.0 mm 中选用，图样中仅使用两种线宽的情况，线宽组宜为 B 和 0.25B，三种线宽的线宽组宜为 B、0.5B 和 0.25B。在同一张图纸内，各不同线宽组的细线，可统一采用最小线宽组的细线。暖通空调专业制图采用的线型及其含义有具体要求 (见表 2–9)，图样中也可以使用自定义图线，但应明确说明，且其含义不应与本标准相反。总平面图、平面图的比例，宜与工程项目设计的主导专业一致。

表 2-9 图线

名 称	线 型	线宽	用 途
粗实线		B	单线表示的管道
中实线		0.5B	本专业设备轮廓、双线表示的管道轮廓
细实线		0.25B	建筑物轮廓；尺寸、标高、角度等标注线及引出线；非本专业设备轮廓
粗虚线		B	回水管线
中虚线		0.5B	本专业设备及管道被遮挡的轮廓
细虚线		0.25B	地下管沟，改造前风管的轮廓线；示意性连接
单点长画线		0.25B	轴线、中心线
双点长画线		0.25B	假想或工艺设备轮廓线
中波浪线		0.5B	单线表示的软管
细波浪线		0.25B	断开界线
折断线		0.25B	断开界线

2. 常用图例

水、汽管道代号宜按表 2–10 选用，自定义水、汽管道代号应避免与其相矛盾，并应在相应图面中说明。自定义可取管道内介质汉语名称的拼音首个字母，如与表内已有代号重复，应继续选取第 2、3 个字母，最多不超过 3 个。如果采用非汉语名称标注管道代号，须明确表明对应的汉语名称。风道代号宜按表 2–11 采用，暖通空调图常用图例宜按表 2–12 采用。

表 2-10　水、汽管道代号

序号	代号	管 道 名 称	备 注
1	R	（供暖、生活、工艺用）热水管	①用粗实线、粗虚线区分供水、回水时，可省略代号；②可附加阿拉伯数字 1、2 区分供水、回水；③可附加阿拉伯数字 1、2、3……表示一个代号、不同参数的多种管道
2	Z	蒸汽管	需要区分饱和、过热、自用蒸汽时，可在代号前分别附加 B、G、Z
3	N	凝结水管	
4	P	膨胀水管、排污管、排气管、旁通管	需要区分时，可在代号后附加一位小写拼音字母，即 Pz、Pw、Pq、Pt
5	G	补给水管	
6	X	泄水管	
7	XH	循环管、信号管	循环管为粗实线，信号管为细虚线。不致引起误解时，循环管也可为 X
8	Y	溢排管	
9	L	空调冷水管	
10	LR	空调冷 / 热水管	
11	LQ	空调冷却水管	
12	n	空调冷凝水管	
13	RH	软化水管	
14	CY	除氧水管	
15	YS	盐液管	
16	FQ	氟气管	
17	FY	氟液管	

表 2-11　风道代号

序 号	代 号	风 道 名 称	序 号	代 号	风 道 名 称
1	K	空调风管	4	H	回风管（一、二次回风可附加 1、2 区别）
2	S	送风管	5	P	排风管
3	X	新风管	6	PY	排烟管或排风、排烟共用管道

表 2-12 暖通空调图常用图例

序号	名　称	图　例	备　注	序号	名　称	图　例	备　注
1	阀门（通用）、截止阀		①没有说明时，表示螺纹连接 法兰连接时 焊接时 ②轴测图画法阀杆为垂直 阀杆为水平	8	变径管异径管		上为同心异径管；下为偏心异径管
				9	法兰盖		
				10	丝堵		也可表示为：
				11	金属软管		也可表示为：
				12	绝热管		
2	闸阀			13	保护套管		
3	手动调节阀			14	固定支架		
4	角阀			15	介质流向	或	在管道断开处时，流向符号宜标注在管道中心线上，其余可同管径标注位置
5	集气罐、排气装置		上为平面图	16	砌筑风、烟道		其余均为：
6	自动排气阀			17	带导流片弯头		
7	除污器（过滤器）		上为立式除污器；中为卧式除污器；下为Y型过滤器	18	天圆地方		左接矩形风管，右接圆形风管

续表

110

序号	名　称	图　例	备　注	序号	名　称	图　例	备　注
19	蝶阀			29	检查孔测量孔		
20	风管止回阀						
21	三通调节阀						
22	防火阀		表示70℃动作的长开阀，若因图面小，可表示为下图	30	散热器及控制阀		左为平面图画法，右为剖面图画法
23	排烟阀		上图为280℃的长闭阀，下图为长开阀，若因图面小，表示方法同上	31	轴流风机		
24	软接头			32	离心风机		左为左式风机，右为右式风机
25	软管		也可表示为光滑曲线（中粗）	33	水泵		左侧为进水，右侧为出水
26	风口（通用）			34	空气加热、冷却器		左、中分别为单加热，单冷却，右为双功能换热装置
27	气流方向		上为通用表示法，中表示送风，下表示回风	35	板式换热器		
28	散流器		上为矩形散流器，下为圆形散流器。散流器为可见时，虚线改为实线	36	空气过滤器		左为粗效，中为中效，右为高效

续表

序号	名　称	图　例	备　注	序号	名　称	图　例	备　注
37	电加热器			44	压力传感器		
38	加湿器			45	记录仪		
39	挡水板			46	温度计		左为圆盘式温度计，右为管式温度计
40	窗式空调器			47	压力表		
41	分体空调器			48	流量计		也可表示为光滑曲线（中粗）
42	温度传感器			49	能量计		
43	湿度传感器			50	水流开关		

3. 图样画法

(1) 一般规定　各工程、各阶段的设计图纸应满足相应的设计深度要求。在同一套设计图纸中，图样的线宽组、图例、符号等应一致。设计图纸应包含图纸目录、选用图集（纸）目录、设计施工说明、图例、设备、主要材料表、总图、工艺图、系统图、平面图、剖面图、详图等，其图纸编号应按所述顺序排列。图样需用的文字说明，宜以"注："、"附注："或"说明："的形式在图纸右下方、标题栏的上方书写，并用"1、2、3，…"进行编号。

当一张图幅内绘制有平面、剖面等多种图样时，宜按平面图、剖面图、安装详图，从上至下、从左至右的顺序排列。当一张图幅绘有多层平面图时，宜按建筑层次由低至高，由下至上顺序排列。图纸中的设备或部件不便用文字标注时，可进行编号。图样中只注明编号，如还需表明其型号（规格）、性能等内容时，宜用"明细栏"表示。初步设计和施工图设计的设备表应包括序号（编号）、设备名称、技术要求、数量、备注栏，材料表应包括序号（编号）、材料名称、规格、物理性能、数量、单位、备注栏。

(2) 管道设备平面图、剖面图及详图　一般应以直接正投影法绘制用于暖通空调系统设计的建筑平面图、剖面图，应用细实线绘出建筑轮廓线和与暖通空调系统有关的门、窗、梁、柱、平台等建筑构配件，并标明相应定位轴线编号、房间名称、平面标高。管道和设备布置平面图应按假想除去上层板后俯视的规则绘制，否则应在相应垂直剖面图中表示剖切符号。平面图上应注出设备、管道定位（中心、外轮廓、地脚螺栓孔中心）线与建筑定位（墙边、柱边、柱中）线间的关系。剖面图上应注出设备、管道（中、底或顶）标高，必要时，还应注出距该层楼（地）板面的距离。剖面图应在平面图上选择能反映系统全貌的部位作垂直剖切后绘制。当剖切的投射方向为向下和向右，且不致引起误解时可省略剖切方向线（见图 2-39）。

图 2-39　平、剖面图示例

建筑平面图采用分区绘制时，暖通空调专业平面图也可分区绘制，但分区部位应与建筑平面图一致，并应绘制分区组合示意图。平面图、剖面图中的水、汽管道可用单线绘制，风管不宜用单线绘制（方案设计和初步设计除外）。平面图、剖面图中的局部需另绘详图时，应在平、剖面图上标注索引符号。

(3) 管道系统图　一般应能确认管径、标高及末端设备，可按系统编号分别绘制。管道系统图如果采用轴测投影法绘制，宜采用与相应平面图一致的比例，按正面等轴测或正面斜二轴测的投影规则绘制，在不致引起误解时，管道系统图可不按轴测投影法绘制。管道系统图的基本要素应与平、剖面图相对应。水、汽管道及通风、空调管道系统图均可用单线绘制。系统图中的管线重叠、密集处，可采用断开画法，断开处宜以相同的小写拉丁字母表示，也可用细虚线连接。

(4) 系统编号 一项工程设计中同时有供暖、通风、空调等两个及两个以上的不同系统时，应进行系统编号。暖通空调系统编号、入口编号，应由系统代号和顺序号组成。系统代号由大写拉丁字母表示 (见表 2–13)，顺序号由阿拉伯数字表示 (见图 2–40)。系统编号宜标注在系统总管处。竖向布置的垂直管道系统，应标注立管号 (见图 2–41)。在不致引起误解时，可只标注序号，但应与建筑轴线编号有明显区别。

表 2-13　系统代号

序　号	代　号	系 统 名 称	序　号	代　号	系 统 名 称
1	N	(室内) 供暖系统	9	X	新风系统
2	L	制冷系统	10	H	回风系统
3	R	热力系统	11	P	排风系统
4	K	空调系统	12	JS	加压送风系统
5	T	通风系统	13	PY	排烟系统
6	J	净化系统	14	P(Y)	排风兼排烟系统
7	C	除尘系统	15	RS	人防送风系统
8	S	送风系统	16	RP	人防排烟系统

图 2-40　系统代号、编号的画法　　　　图 2-41　立管号的画法

(5) 管道标高、管径、尺寸标注 在不宜标注垂直尺寸的图样中，应标注标高。标高以米 (m) 为单位，精确到厘米 (cm) 或毫米 (mm)。当标准层较多时，可只标注与本层楼 (地) 板面的相对标高 (见图 2–42)。水、汽管道所注标高未予说明时，表示管中心标高。水、汽管道标注管外底或顶标高时，应在数字前加"底"或"顶"字样。矩形风管所注标高未予说明时，表示管底标高。圆形风管所注标高未予说明时，表示管中心标高。低压流体输送用焊接管道规格应标注公称通径或公称压力。公称通径的标记由字母"DN"

B+2.20

图 2-42　相对标高的画法

后跟一个以毫米 (mm) 为单位的数值组成，如 DN15、DN32，公称压力的代号为"PN"。输送流体用无缝钢管、螺旋缝或直缝焊接钢管、铜管、不锈钢管，当需要注明外径和壁厚时，用"D 或 ϕ 外径 × 壁厚"表示，如"$D108 \times 4$"、"$\phi 108 \times 4$"。在不致引起误解时，也可采用公称通径表示。金属或塑料管应采用"d"表示，如"$d10$"。圆形风管的截面定型尺寸应以直径符号"ϕ"后跟以毫米 (mm) 为单位的数值表示。矩形风管 (风道) 的截面定型尺寸应以"$A \times B$"表示。"A"为该视图投影面的边长尺寸，"B"为另一边尺寸，A、B 单位均为毫米 (mm)。平面图中无坡度要求的管道标高可以标注在管道截面尺寸后的括号内，如"DN32(2.50)"、"200×200(3.10)"。必要时，应在标高数字前加"底"或"顶"的字样。

水平管道的规格宜标注在管道的上方，竖向管道的规格宜标在管道的左侧。双线表示的管道，其规格可标注在管道轮廓线内部 (见图 2-43)。当斜管道不在图 2-44 所示 30° 范围内时，其管径 (压力)、尺寸应平行标注在管道的斜上方。否则，用引出线水平或 90° 方向标注。多条管线的规格标注且管线密集时采用中间图画法，其中短斜线也可统一用圆点 (见图 2-45)。风口、散流器的规格、数量及风量的表示方法见图 2-46。平面图、剖面图上如需标注连续排列的设备或管道的定位尺寸或标高时，应至少有一个自由段 (见图 2-47)。挂墙安装的散热器应说明安装高度。

（a）　　　　　　（b）　　　　　　（c）

图 2-43　管道截面尺寸的画法

图 2-44　管径 (压力) 的
　　　　标注位置示例

图 2-45　多条管线规格的画法

图 2-46　风口、散流器的表示方法

图 2-47　定位尺寸的表示方法

注: 括号内数字应为不保证尺寸, 不宜与上排尺寸同时标注。

此外, 针对管道转向、分支、重叠及密集处, 需要详细绘制 (见图 2-48 ～图 2-57)。

图 2-48　单线管道转向的画法

图 2-49　双线管道转向的画法

图 2-50　单线管道的分支画法

图 2-51　双线管道的分支画法

图 2-52　送风管转向的画法

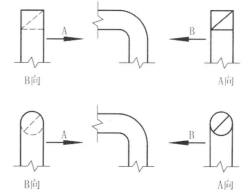

图 2-53　回风管转向的画法

接a

（图号）

图 2-55　管道在本图中断的画法

图 2-56　管道交叉的画法

图 2-54　管道断开画法

图 2-57　管道跨越的画法

2.5.2　热水暖通图

现代设计项目中，需要绘制热水暖通图的设计方案一般采用集中采暖系统，这类系统是指热源设备和散热设备分别设置，利用热源通过输热管道向各个建筑空间供给热量的采暖方式。它具有构造复杂、一次性投入大、采暖效率高、方便洁净的特点。从经济、卫生和供暖效果来看，是目前大型公共空间中常见的采暖系统。集中采暖系统一般都是以供暖锅炉、天然温泉水源、热电厂余热供汽站、太阳能集热器等作为热源，分别以热水、蒸汽、热空气作为热媒，通过供热管网将热水、蒸汽、热空气等热能从热源输送到各种散热设备，散热设备再以对流或辐射方式将热量传递到室内空气中，用来提高室内温度，满足人们的工作和生活需要。其中热水采暖系统是目前广泛采用的一种供热方式，它是由锅炉或热水器将水加热至 90 ℃左右以后，热水通过供热管网输送到各采暖空间，再经由供热干管、立管、支管送至各散热器内，散热后已冷却的凉水回流到回水干管，再返回至锅炉或热水器重新加热，如此循环供热。

热水采暖系统按照供暖立管与散热器的连接形式不同，连接每组散热器的立管有双管均流输送供暖和单管顺流输送供暖两种安装形式。由于供暖干管的位置不同，其热水输送的循环方式也不相同。比较常见的是上供下回式、下供下回式两种形式。

(1) 上供下回式热水输送循环系统　是指供水干管设在整个采暖系统之上，回水干管则设在采暖系统的最下面。

(2) 下供下回式热水输送循环系统　是指热水输送干管和回水干管均设置在采暖系统中所有散热器的下面。供热干管应按水流方向设上升坡度，以便使系统内空气聚集到采暖系统上部设置的空气管，并通过集气罐或自动放风阀门将空气排至系统外的大气中。回水干管则应按水流方向设下降坡度，以便使系统内的水全部排出。一般情况下，采暖系统上面的干管敷设在顶层的天棚处，而下面的干管应敷设在底层地板上。

2.5.3　案例分析：某娱乐空间热水暖通图绘制方法

一般需要参考平面布置图来绘制 (见图 2-58)，经常采用单线表示管路，附有必要的设计施工说明，主要分为热水地暖平面图 (见图 2-59)、热水采暖平面图 (见图 2-60) 和热水采暖系统图 (见图 2-61) 三种，前两种绘制内容有差异，但是绘制方法和连接原理一致，只是形式不同，统称采暖平面图。采暖系统图主要表示从热水 (汽) 入口至出口的采暖管道、散热器、各种安装附件的空间位置和相互关系的图样，能清楚地表达整个供暖系统的空间情况。采暖系统图以供暖平面图为依据，采用与平面图相同的比例以正面斜轴测投影方法绘制。

(1) 采暖平面图　绘制热水暖通图时经常采用与平面布置图相同的比例。图样应表达设计空间的平面轮廓、定位轴线和建筑主要尺寸，如各层楼面标高、房间各部位尺寸等。为突出整个供暖系统，散热器、立管、支管用中实线画出；供热干管用粗实线画出；回水干管用粗虚线画出；回水立管、支管用中虚线画出。表示出采暖系统中各干管、支管、散热器位置及其他附属设备的平面布置，每组散热器的近旁应标注片数。标注各主干管的编号，编号应从总立管开始按照①、②、③……的顺序标注。为了避免影响图形清晰度，编号应标注在建筑物平面图形外侧。同时标注各段管路的安装尺寸、坡度，如 3‰，即管路坡度为千分之三，箭头指向下坡方向，并应示意性表示管路支架的位置。立管的位置、支架和立管的具体间距、距墙的详细尺寸等在施工说明中予以说明，或按照施工规范确定，一般不标注。

(2) 采暖系统图　首先确定地面标高为 ±0.000 的位置及各层楼地面的标高，从引入水 (汽) 管开始，先绘制总立管和建筑顶棚下的供暖干管，干管的位置、走向应与采暖平面图一致。根据采暖平面图中各个立管的位置，绘制与供暖干管相连接的各个立管，再绘制出各楼层的散热器及与散热器连接的立管、支管。接着依次绘制回水立管、回水干管，直至回水出口。在管线中需画出每一个固定支架、阀门、补偿器、集气罐等附件和设备的位置。最后标出各立管的编号，各干管相对于各层楼面的主要标高，干管各段的管径尺寸、坡度等，并在散热器的近旁标注片数。

118

平面布置图 1:200

图 2-58 娱乐空间平面布置图

设计说明:
　　如无特殊说明,本图
地暖管间距均为300mm,采
用φ25mmPP-R铜芯热水管。

热水地暖平面图 1:200

图 2-59 热水地暖平面图

设计说明:
　　如无特殊说明，本图进水管与回水管最小间距为300mm，采用φ25mmPP-R铜芯热水管。

热水采暖平面图 1: 200

图 2-60　热水采暖平面图

图例:

进水管	——
回水管	- - -
阀门	⋈　•
水表	Ⓟ
水压表	Ⓟ
温度表	Ⓣ
加热器	Ⓜ
散热器	▱

热水采暖系统图

图 2-61　热水采暖系统图

2.5.4　中央空调图

1. 中央空调构造

空调系统泛指以各种通风系统，空气加热、加湿、冷却与过滤系统共同工作，对室内空气进行加热、加湿、冷却、过滤或净化后，采用气体输送管道进行空气调节的系统。中央空气调节系统又分为集中式中央空气调节系统和半集中式中央空气调节系统两种。

(1) 集中式中央空气调节　是指将各种空气处理设备以及风机都集中设在专用机房室，是各种商场、商住楼、酒店经常采用的空气调节形式，中央空调系统将经过加热、冷却、加温、净化等处理过的暖风或冷风通过送风管道输送到房间的各个部位，室内空气交换后用排风装置经回风管道排向室外。有空气净化处理装置的，空气经处理后再回送到各个空间，使室内空气循环达到调节室内温度、湿度和净化的目的。

(2) 半集中式的中央空气调节　是将各种空气处理设备、风机或空调器都集中设在机房外，通过送风和回风装置将处理后的空气送至各个住宅空间，但是在各个空调房间内还有二次控制处理设备，以便灵活控制空气调节系统。

一般而言，中央空调通风系统通风包括排风和送风两个方面的内容，从室内排出污浊的空气称为排风，向室内补充新鲜空气称为送风，给室内排风和送风所采用的一系列设备、装置构成了通风系统。而空气加热、加湿、冷却与过滤系统是对室内外交换的空气进行处理的设备系统，它只是空气调节的一部分，将其单独称为空调系统是不准确的。但是很多室内空气的加热、加湿、循环水冷却、过滤系统往往与通风系统结合在一起，构成一个完善的空气调节体系，即空调系统。

2. 绘制方法

空气调节系统包括通风系统和空气加热、加湿、冷却、过滤系统两个部分。虽然通风系统有单独使用的情况，但在许多空间环境中这两个系统是共同工作的，除主要设备外，一些输送气体的风机、管线等设备、附件往往是共用的，因此通风系统与空气的加热、加湿、冷却与过滤系统的施工图绘制方法基本上是相同的，统称空调系统施工图。它主要包括空调送风平面图 (见图 2-62) 和空调回风平面图。

中央空调图主要是表明空调通风管道和空调设备的平面布置图样。图中一般采用中粗实线绘制墙体轮廓，采用细实线绘制门、窗，采用细单点长画线绘制建筑轴线，并标注空间尺寸、楼面标高等。然后根据空调系统中各种管线、风道尺寸大小，由风机箱开始，采用分段绘制的方法，按比例逐段绘制送风管的每一段风管、弯管、分支管的平面位置，并标明各段管路的编号、坡度等。用图例符号绘出主要设备、送风口、回风口、盘管风机、附属设备及各种阀门等附件的平面布置。标明各段风管的长度和截面尺寸及通风管道的通风量、方向等。

图样中应注写相关技术说明，如设计依据、施工和制作的技术要求、材料质地等。空调工程中的风管一般都是根据系统的结构和规格需要，采用镀锌钢板分段制作的矩形风管，安装时将各段风管、风机用法兰连接起来即可。回风平面图的绘制过程与送风平面图相似，只不过是送风口改成了回风口。

空调送风平面图 1:200

图 2-62　空调送风平面图

设计说明：
散流器风口高度统一为2600mm，与石膏板吊顶平齐。

400×300散流器共21个

　　暖通空调设计图需要根据具体设计要求和施工情况来确定绘制内容，关键在于标明管线型号和设备位置，及彼此的空间关系。绘图前最好能到相关施工现场参观考察，建立较为直观的印象后再着手绘图就比较快了。

2.6　立　面　图

　　立面图是指主要设计构造的垂直投影图，一般用于表现建筑物、构筑物的墙面，尤其是具有装饰效果的背景墙、瓷砖铺贴墙等立面部位，也可以称为墙面、固定构造体、装饰造型体的正立面投影视图。立面图适用于表现建筑与设计空间中各重要立面的形体构造、相关尺寸、相应位置和基本施工工艺。

　　立面图要与总平面图、平面布置图相呼应，绘制的视角与施工后站在该设计对象面前要一样（见图 2-63），下部轮廓线条为地面，上部轮廓线条为顶面，左右以主要轮廓墙体为界线，在中间绘制所需要的设计构造，尺寸标注要严谨，包括细节尺寸和整体尺寸，外加详细的文字说明。立面图画好后要反复核对，避免遗漏关键的设计造型或含糊表达了重点部位。绘制立面图所用的线型与平面图基本相同，只是周边形体轮廓使用中粗实线，地面线使用粗实线，对于大多数构造不是特别复杂的设计对象，也可以统一绘制为粗实线（见图 2-64）。

122

图 2-63　平面图与立面图的对应关系

正立面图 1:200

图 2-64　建筑外墙正立面图

在复杂设计项目中，立面图可能还涉及原有的装饰构造，如果不准备改变或拆除，这部分可以不用绘制，用空白或阴影斜线表示即可。在一套设计方案中，立面图的数量可能会比较多，这就要在平面图中署名方位或绘制标识符号，与立面图相呼应，方便查找。为了强化平面图与立面图之间的关系，整体建筑物、构筑物的立面表现一般以方位名称标注图名，如正立面图、东立面图等。如果涉及复杂结构，也可以采用剖面图来表示。而表示室内立面在平面图上的位置，应在平面图上用内视符号注明视点位置、方向及立面编号。符号中的圆圈应用细实线绘制，根据图面比例，圆圈直径可选择 8 ～ 12 mm，立面编号宜用拉丁字母或阿拉伯数字表示 (见图 2–65)。

（a）单面内视符号

（b）双面内视符号

（c）四面内视符号

（d）内视符号应用

图 2-65　平面图上内视符号应用示例

2.6.1　识读要点

立面图须与平面图相对照，明确立面图所表示的投影面的平面位置及其造型的轮廓形状、尺寸和功能特点。明确地面标高、楼面标高、楼地面装修设计起伏高度尺寸，以及工程项目所涉及的楼梯平台和室外台阶等有关部位的标高尺寸。清楚了解每个立面上的装修构造层次及饰面类型，明确其材料要求和施工工艺要求。

立面图上各设计部位与饰面的衔接处理方式较为复杂时，要同时查阅配套的构造节点图、细部大样图等，明确造型分格、图案拼接、收边封口、组装做法与尺寸。绘图者与读图者要熟悉装修构造与主体结构的连接固定要求，明确各种预埋件、后置埋件、紧固件和连接件的种类、布置间距、数量和处理方法等详细设计规定。配合设计说明，了解有关施工设置或固定设施在墙体上的安装构造，有需要预留的洞口、线槽或要求预埋的线管，明确其位置尺寸，并将其纳入施工计划。

2.6.2　基本绘制内容

立面图一般采用相对标高，以室内、外地坪为基准进而标明立面有关部位的标高尺寸。其中室内墙面或独立设计构造高度以常规形式标注，室外高层建筑物、构筑物应在主要造型部位标注标高符号及数据。室内立面图要求绘制吊顶高度及其层级造型的构造和尺寸，表明墙面设计形体的构造方式、饰面方法，并标明所需材料及施工工艺要求。

　　详细标注墙、柱等各立面所需设备及其位置尺寸和规格尺寸。在细节部位要对关键设计项目作精确绘制，尤其要表明墙、柱等立面与平顶及吊顶的连接构造和收口形式。标注门、窗、轻质隔墙、装饰隔断等设施的高度尺寸和安装尺寸；标注与立面设计有关的装饰造型及其他艺术造型体的高低错落位置尺寸（见图 2-66）。此外，立面图要与后期绘制的剖面图或节点图相配合，表明设计结构连接方法、衔接方式及其相应的尺寸关系。

客厅电视背景墙立面图 1：50

图 2-66　客厅电视背景墙立面图

2.6.3　案例分析：某宾馆客房床头背景墙立面图绘制方法

1. 建立构架

　　首先，根据已绘制完成的平面图，引出地面长度尺寸，在适当的图纸幅面中建立墙面构架（见图 2-67）。一般而言，立面图的比例可以定在 1：50，对于比较复杂的设计构造，可以扩大到 1：30 或 1：20，但是立面图不宜大于后期将要绘制的节点详图，以能清晰、准确反映设计细节来确定图纸幅面。一套设计图纸中，立面图的数量较多，可以将全套图纸的幅面规格以立面图为主。墙面构架主要包括确定墙面宽度与高度，并绘制墙面上主要装饰设计结构，如吊顶、墙面造型、踢脚线等，除四周地、墙、顶边缘采用粗实线外，这类构造一般都采用中实线，被遮挡的重要构造可以采用细虚线。

　　基础构架的尺寸一定要精确，为后期绘制奠定基础。当然，也不宜急于标注尺寸，绘图过程也是设计思考过程，要以最终绘制结果为参照来标注。

图 2-67　立面图绘制步骤一

2. 调用成品模型

基本构架绘制完毕后，就可以从图集、图库中调用相关的图块和模型，如家具、电器、陈设品等，这些图形要预先经过线型处理，将外围图线改为中实线，内部构造或装饰改为细实线，对于特别复杂的预制图形要作适当处理，简化其间的线条，否则图线过于繁杂，会影响最终打印输出的效果。此外，还要注意成品模型的尺寸和比例，以适合该立面图的图面表现。针对手绘制图，可以适当简化成品模型的构造，例如，将局部弧线改为直线，省略繁琐的内部填充等。不是所有的立面图都可以调入成品模型，要根据设计风格来选择，针对特殊的创意作品，还是需要单独绘制，设计者最好能根据日常学习、工作需求创建自己的模型库，日后用起来会得心应手。

摆放好成品模型后，还需绘制无模型可用的设计构造，尽量深入绘制，使形态和风格与成品模型统一（见图 2-68）。

图 2-68　立面图绘制步骤二

3.填充与标注

当基本图线都绘制完毕后，就需要对特殊构造作适当填充，以区分彼此间的表现效果，如墙面壁纸、木纹、玻璃镜面等，填充时注意填充密度，小幅面图纸不宜填充面积过大、过饱满，大幅面图纸不宜填充面积过小、过稀疏。填充完毕后要能清晰分辨出特殊材料的运用部位和面积，最好形成明确的黑、灰、白图面对比关系，这样会使立面图的表现效果更加丰富。

当立面图中的线条全部绘制完毕后需要作全面检查，及时修改错误，最后对设计构造与材料作详细标注，为了适应阅读习惯，一般宜将尺寸数据标注在图面的右侧和下方，将引出文字标注在图面的左侧和上方，文字表述要求简单、准确，表述方式一般为材料名称＋构造方法。数据与文字要求整齐一致，并标注图名与比例（见图 2-69）。

图 2-69　立面图绘制步骤三

绘制立面图的关键在于把握丰富的细节，既不宜过于繁琐，也不宜过于简单，太繁琐的构造可以通过后期的大样图来深入表现，太简单的构造可以通过多层次填充来弥补。

2.7　构　造　详　图

在室内外设计制图中，各类平面图和立面图的比例一般较小，导致很多设计造型、创意细节、材料选用等信息无法表现或表现不清晰，无法满足设计、施工的需求。因此需要放大比例绘制出更加细致的图纸，一般采用 1：20、1：10，甚至 1：5、1：2 的比例绘制。构造详图一般包括剖面图、构造节点图和大样图，绘制时选用的图线应与平面图、立面图一致，只是地面界线与主要剖切轮廓线一般采用粗实线。

2.7.1 识读要点

构造详图是将设计对象中的重要部位作整体或局部放大，甚至作必要剖切，用以精确表达在普通投影图上难以表明的内部构造，首先要区分剖面图、构造节点图和大样图的基本概念与识读要点 (见图 2–70)。

图 2–70　玻璃隔断构造详图

1. 剖面图

剖面图是假想用一个或多个纵、横向剖切面，将设计构造剖开，所得的投影图，称为剖面图。剖面图用以表示设计对象的内部构造形式、分层情况、各部位的联系、材料选用、标高尺度等，须与平、立面图［见图 2-70(a)］相互配合，是不可缺少的重要图样之一。剖面图的数量要根据具体设计情况和施工实际需要来决定。剖切面一般横向，即平行于侧面，必要时也可纵向，即平行于正面，其位置选择很重要，要求能反映内部复杂的构造与典型的部位。在大型设计项目中，尤其是针对多层建筑，剖切面应通过门、窗洞口的位置，选择在楼梯间或层高不同、层数不同的部位。剖面图的图名应与平面图上所标注剖切符号的编号一致，如 1-1 剖面图、2-2 剖面图等［见图 2-70(b)］。

2. 构造节点图

构造节点图是用来表现复杂设计构造的详细图样，又称为详图，它可以是常规平面图、立面图中复杂构造的直接放大图样，也可以是将某构造经过剖切后局部放大的图样，这类图纸一般用于表现设计施工要点，需要针对复杂的设计构造专项绘制，也可以在国家标准图集、图库中查阅并引用。绘制构造节点图需要在图纸中标明相关图号，方便读图者查找［见图 2-70(c)］。

3. 大样图

大样图是指针对某一特定图纸区域，进行特殊性放大标注，能较详细地表示局部形体结构的图纸。大样图适用于绘制某些形状特殊、开孔或连接较复杂的零件或节点，在常规平面图、立面图、剖面图或构造节点图中不便表达清楚时，就需要单独绘制大样图。它与构造节点图一样，需要在图纸中标明相关图号，方便读图者查找［见图 2-70(d)］。

在室内外设计制图中，剖面图是常规平面图、立面图中不可见面域的表现，绘制方法、识读要点都与平面图、立面图基本一致。构造节点图则是对深入设计、施工的局部细节强化表现，重点在于表明构造间的逻辑关系，而大样图特指将某一局部单独放大，重点在于标注精确的尺寸数据。绘制这类图纸需要结合预先绘制的平面图与立面图，查找剖面图和构造节点图的来源，辨明与之相对应的剖切符号或节点编号，确认其剖切部位和剖切投影方向。通过对剖面图中所示内容的分析研究，明确设计项目各重要部位或是在其他图纸上难以审明的关键性细部的施工工艺。在复杂设计中，要求熟悉图中所要求的预埋件、后置埋件、紧固件、连接件、黏结材料、衬垫和填充材料，以及防腐、防潮、补强、密封、嵌条等工艺措施规定，明确构配件、零辅件及各种材料的品种、规格和数量，准确地用于施工准备和施工操作。剖面图和构造节点图涉及重要的隐蔽工程及功能性处理措施，必须严格照图施工，明确责任，不得随意更改。

剖面图、构造节点图与大样图主要表明构造层次、造型方式、材料组成、连接件运用方法等，并提出必须采用的构、配件及其详细尺寸、工艺做法和具体施工要求，保证安全使用的措施、材料设置、衔接方法等。此外，还需表明不同构造层以及各构造层之间、饰面与饰面之间的结合或拼接方式，表明收边、封口、盖缝、嵌条等工艺的详细做法及其尺寸要求。

国家建筑标准设计图库

在实际设计工作中，需要绘制的构造详图种类其实并不多，为了提高制图效率，保证制图质量，中国建筑标准设计研究院制作了 GBTK2006《国家建筑标准设计图库》(以下简称《图库》)。《图库》以电子化形式集成了 50 年来国家建筑标准设计的成果，旨在通过现代化的技术手段，使国标设计能更好地服务于整个设计领域乃至整个建设行业，缩短设计周期、节约设计成本、保证设计质量。《图库》收录了国家建筑标准设计图集、全国民用建筑工程设计技术措施、建筑产品选用技术三大基础技术资源，形成了全方位的信息化产品。

《图库》提供了图集快速查询、图集管理、图集介绍、图集应用方法交流等多项功能，而且可以以图片方式阅览图集全部内容。设计者可以迅速查询、阅读需要的图集，并获得如何使用该图集等相关信息。《图库》充分利用网络技术优势，实现了国标图库动态更新功能。用户可通过互联网与国家建筑标准设计网站服务器链接，获取标准图集最新成果信息、最新废止信息，并可下载最新国标图集。通过动态更新功能，使《图库》中资源与国家建筑标准设计网保持同步，设计者可在第一时间获取国标动态信息。

《图库》采用信息化手段，为国标图集的推广、宣传、使用开辟了新的途径，有效地解决了由于信息传播渠道不畅造成的国标技术资源不充分利用，或误用失效图集的问题。

2.7.2 剖面图

在日常设计制图中，大多数剖面图都用于表现平面图或立面图中的不可见构造，要求使用粗实线清晰绘制出剖切部位的投影，在建筑设计图中需标注轴线、轴线编号、轴线尺寸。剖切部位的楼板、梁、墙体等结构部分应该按照原有图纸或实际情况测量绘制，并标注地面、顶棚标高和各层层高。剖面图中的可视内容应该按照平面图和立面图中的内容绘制，标注定位尺寸，注写材料名称和制作工艺。此外，制图过程中要特别注意该剖面图在平面图或立面图中剖切符号的方向，并在剖面图下方注明该剖面图图名和比例。

2.7.3 案例分析：某停车位剖面图绘制方法

首先，根据设计绘制出停车位的平面图，该平面图也可以从总平面图或建筑设计图中节选一部分，在图面中对具体尺寸作重新标注，检查核对后即可在适当部位标注剖切符号。绘制剖切符号的具体位置要根据施工要求来定，一般选择构造最复杂或最具有代表性的部位，该方案中的剖切符号定在停车位中央，作纵向剖切并向右侧观察，这样更具有代表性，能够清晰反映出地面铺装构造。然后，绘制剖切形态，根据剖切符号的标示绘制剖切轮廓，包括轮廓内的各种构造，绘制时应该按施工工序绘制，如从下向上、由里向外等，目的在于分清绘制层次和图面的逻辑关系，然后分别进行材料填充，区分不同构造和材料。最后标注尺寸和文字说明。剖面图绘制完成后要重新检查一遍，避免在构造上出现错误。此外，要注意剖面图与平面图之间的关系，图纸中的构图组合要保持均衡、间距适当(见图 2-71)。

129

图 2-71　停车位剖面图

2.7.4　构造节点图

构造节点图是室内外设计制图中最微观的图样，在大多情况下，它是剖面图与大样图的结合体。构造节点图一般要将设计对象的局部放大后详细表现，它相对于普通剖面图而言，比例会更大，以表现局部为主，当原始平面图、立面图和剖面图的投影方向不能完整表现构造时，还需对该构造作必要剖切，并绘制引出符号。绘制构造节点图时须详细标注尺寸和文字说明，如果构造繁琐，尺寸多样，可以不断扩大该图的比例，甚至达到2∶1、5∶1、10∶1。构造节点图中的地面构造和主要剖切轮廓采用粗实线绘制，其他轮廓采用中实线绘制，而标注和内部材料填充均采用细实线。构造节点图的绘制方向主要有各类设计构造、家具、门窗、楼地面、小品与陈设等，总之，任何设计细节都可以通过不同形式的构造节点图来表现。

2.7.5　案例分析：借助某围墙的正立面图绘制构造节点图方法

首先，绘制围墙的正立面图，做好必要尺寸标注和文字说明，对需要绘制构造节点图的部位作剖切引出线并标注图号。针对复杂结构，一般需要从纵、横两个方向对该处构造剖切放大。然后，根据表现需要确定合适的比例和图纸幅面，同一处构造的节点图最好安排在同一图面中。接着，依次绘制不同剖切方向的放大投影图，一般先绘制大比例图样，再绘制小比例图样。单个图样的绘制顺序一般从下向上，或从内向外，根据制作工序来绘制，不能有所遗漏，由于图样复杂，可以边绘制边标注尺寸和文字说明。当全部图样绘制完成后再作细致检查，纠正错误。最后，标注图名、图号和比例等图纸信息 (见图 2-72、图 2-73)。

131

（a）

图 2-72　围墙构造节点图一

340mm×340mm×60mm
预制混凝土块
20mm厚1:3水泥砂浆
红色面砖，黑色
水泥勾缝5mm
粉煤灰砖砌筑

400
120
2230
2990

种植土　±0.000
6mm钢筋，C20钢筋混凝土
100mm厚C15素混凝土

680
340 300

C　1:30

（a）

红棕色砖，黑色
水泥勾缝5mm
50mm×50mm×1.5mm
方钢（黑色漆饰面）

400
120
2230
2990

50mm×50mm×2mm
方钢（黑色漆饰面）
20mm厚1:3水泥砂浆
粉煤灰砖砌筑
浅灰色面砖，黑色
水泥勾缝5mm
种植土
φ6mm钢筋，C20钢筋混凝土
100mm厚C15素混凝土

680
340 300

D　1:30

（b）

图2-73　围墙构造节点图二

2.7.6　大样图

大样图与构造节点图不同，它主要对平面图、立面图、剖面图或构造节点图的局部图形作单一性放大，突出该图样的形态和尺寸，而对构造不作深入绘制。适用于表现设计项目中的某种图样或预制品构件，将其放大后一般还需套用坐标网格对形体和尺寸作精确定位。这里列举某围墙上的铜质装饰栏板的大样图（见图2-74），绘制方法比较简单，只需将原图样放大绘制即可，在手绘制图中，原图样也可以保留空白，直接在大样图中绘制明确。如果大样图中曲线繁多，还须绘制坐标网格，每个单元的尺寸宜为1、5、10、20、50、100等整数，方便缩放。大样图中的主要形体采用中实线绘制，坐标网格采用细实线绘制。大样图绘制完成后仍需标注引出符号，但是对表述构造的文字说明不做要求。

绘制剖面图、构造节点图和大样图需要了解相关的施工工艺，设计者的思维必须清晰无误，绘图过程实际上是施工预演过程，绘制时要反复检查结构、核对数据，将所绘制的图样熟记在心。经过长期训练，可以建立属于设计者个人的图集、图库，在日后的学习、工作中无需再重复绘图，能大幅度提高制图效率。为了强化训练，这里还列举了

某自助餐台的构造设计详图 (见图 2-75、图 2-76),其中包含剖面图 [见图 2-75(b)]、构
造节点图 [见图 2-76 (a)、图 2-76 (b)、图 2-76 (c)] 和大样图 [(见图 2-76(d)],供
进一步学习参考。

133

围墙立面图 1:50

（a）

（b）

图 2-74　围墙栏板大样图

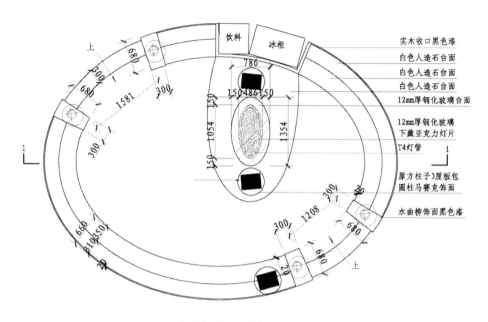

实木收口黑色漆
白色人造石台面
白色人造石台面
白色人造石台面
12mm厚钢化玻璃台面
12mm厚钢化玻璃下藏亚克力灯片
T4灯管
原方柱子3厘板包圆柱马赛克饰面
水曲柳饰面黑色漆

饮料　冰柜

自助餐台平面图 1:50
（a）

9厘板基层面黑色镜面软膜天花
白色人造石台面
水曲柳饰面黑色漆
钢结构基层/黄色透光软膜天花
原方柱子3厘板包圆柱马赛克饰面
木芯板基层面饰银镜片

1-1剖面图 1:50
（b）

红色仿皮软包饰面
水曲柳饰面黑色漆
亚克力灯片内藏LED灯管
原方柱子3厘板包圆柱马赛克饰面
水曲柳饰面黑色漆

正立面图 1:50
（c）

图2-75　自助餐台构造详图一

134

（a）

（b）

（c）

（d）

图 2-76 自助餐台构造详图二

2.8 轴 测 图

常规平面图、立面图一般都在二维空间内完成，绘制方法简单，绘制速度快，掌握起来并不难，但是在室内外设计中适用范围较窄，非专业人员和初学者不容易看懂。对于设计项目的投资方更需要阅读直观的设计图纸，轴测图就能权衡多方的使用要求。轴测图是一种单面投影图，在一个投影面上能同时反映出物体三个坐标面的形状，并接近于人们的视觉习惯，表现效果形象、逼真并富有立体感。在设计制图中，常将轴测图作为辅助图样，来说明设计对象的结构、安装和使用等情况。在设计过程中，轴测图还能帮助设计者充分构思，想象物体的形状，以弥补常规投影图的不足 (见图 2-77)。

电视柜三视图 1:30

电视柜正面斜轴测图 1:30

图 2-77　电视柜三视图与正面斜轴测图

2.8.1　轴测图的概念

轴测图是指用平行投影法将物体连同确定该物体的直角坐标系一起，沿不平行于任一坐标平面的方向投射到一个投影面上所得到的图形。它不仅能反映出物体的立体形状，还能反映出物体长、宽、高三个方向的尺度，因此是一种较为简单的立体图。

1. 轴测图术语

(1) 轴测投影面　轴测投影的平面，一般称为轴测投影面，如图 2-78 所示的轴测投影面 P。

图 2-78　轴测投影图的形成

(2) 轴测投影轴　空间直角坐标轴 OX、OY、OZ 在轴测投影面上的投影 O_1X_1、O_1Y_1、O_1Z_1 称为轴测投影轴，一般简称为轴测轴 (见图 2-79)。

（a）轴测轴和伸缩系数　　　　　　　　（b）轴测轴的画法

图 2-79　正等测轴测图

(3) 轴间角　轴测轴之间的夹角 $\angle X_1O_1Z_1$、$\angle X_1O_1Y_1$、$\angle Y_1O_1Z_1$，可以称为轴间角〔见图 2-79(a)〕。

(4) 轴向伸缩系数　轴测轴与空间直角坐标轴单位长度的比值，称为轴向伸缩系数，简称伸缩系数，图 2-79(a) 中三个轴向伸缩系数均为 0.82。在图中，三个轴的轴向伸缩系数常用 p、q、r 来表示。

(5) 简化系数　为作图方便，常采用简化的轴向伸缩系数来作图，如正等测的轴向伸缩系数由 0.82 放大到 1(即放大了 1.22 倍)，一般将轴向伸缩系数 "1" 称为简化系数。用简化系数画出的轴测图和用伸缩系数画出的正等测轴测图，其形状是完全一样的，只是用简化系数画出的轴测图在三个轴向上都放大了 1.22 倍 [见图 2-79(b)]。

2. 轴测图的特性

轴测图是用平行投影法进行投影所形成的一种单面投影图。因此，它仍然具有平行投影的所有特性，形体上互相平行的线段或平面，在轴测图中仍然互相平行。形体上平行于空间坐标轴的线段，在轴测图中仍与相应的轴测轴平行，并且在同一轴向上的线段，其伸缩系数相同，这种线段在轴测图中可以测量。与空间坐标轴不平行的线段，它的投影会变形 (变长或变短)，不能在轴测图上测量。形体上平行于轴测投影面的平面，应在轴测图中反映其实际形态。

3. 轴测图的分类

按平行投影线是否垂直于轴测投影面，轴测图可分为两类。

(1) 正轴测投影　平行投影线垂直于轴测投影面所形成的轴测投影图，称为正轴测投影图，简称正轴测图 [见图 2-80(a)、图 2-81]。根据轴向伸缩系数和轴间角的不同，又分为正等测和正二测。

(2) 斜轴测投影　平行的投影线倾斜于轴测投影面所形成的轴测投影图，称为斜轴测投影图，简称斜轴测图 [见图 2-80(b)、图 2-82]。斜轴测又分为正面斜轴测投影和水平斜轴测投影。

（a）正轴测投影　　　　　　　　　　　（b）斜轴测投影

图 2-80　轴测投影图的分类

2.8.2　国家标准规范

《房屋建筑制图统一标准》(GB/T 50001—2010) 中对轴测图的绘制作了明确规定，绘制轴测图要严格遵守。

1. 种类

房屋建筑的轴测图，宜采用正等测 (见图 2-83)、正二测 (见图 2-84)、正面斜等测 [见图 2-85(a)] 和正面斜二测 [见图 2-85(b)]、水平斜等测 [见图 2-86(a)] 和水平斜二测 [见图

木质饰面板
音响架

5mm厚玻璃柜门

书桌柜三视图 1:50

书桌柜正轴测图 1:50

图 2-81　书桌柜三视图与正轴测图

橱柜斜轴测图 1:50

图 2-82　橱柜斜轴测图

139

$p=q=r=1$

图2-83 正等测的画法

$p=r=1$ $q=1/2$

图2-84 正两侧的画法

正面斜等测 $p=q=r=1$

（a）

正面斜二测 $p=r=1$ $q=1/2$

（b）

图2-85 正两斜轴测投影的画法

水平斜等测 $p=q=r=1$

（a）

水平斜二测 $p=r=1$ $r=1/2$

（b）

图2-86 水平斜轴测投影的画法

2-86(b)] 等轴测投影并用简化的轴向伸缩系数来绘制。

2. 线型

轴测图的可见轮廓线宜采用中实线绘制，断面轮廓线宜用粗实线绘制。不可见轮廓线一般不必绘出，必要时，可用细虚线绘出所需部分。轴测图的断面上应画出其材料图例线，图例线应按其断面所在坐标面的轴测方向绘制。如以 45°斜线绘制材料图例线时，应按图 2-87 的规定绘制。

3. 尺寸标注

轴测图线性尺寸，应标注在各自所在的坐标面内，尺寸线应与被注长度平行，尺寸界线应平行于相应的轴测轴，尺寸数字的方向应平行于尺寸线，如果出现字头向下倾斜时，应将尺寸线断开，在尺寸线断开处水平方向注写尺寸数字，轴测图的尺寸起止符号宜用小圆点（见图 2-88）。轴测图中的圆径尺寸，应标注在圆所在的坐标面内，尺寸线与尺寸界线应分别平行于各自的轴测轴。圆弧半径和小圆直径尺寸也引出标注，但尺寸数字应注写在平行于轴测轴的引出线上（见图 2-89）。轴测图的角度尺寸，应标注在该角所在的坐标面内，尺寸线应画成相应的椭圆弧或圆弧。尺寸数字应水平方向注写（见图 2-90）。

141

正等测
（a）

正二测
（b）

正面斜等测
（c）

正面斜二测
（d）

水平斜等测
（e）

水平斜二测
（f）

图 2-87　轴测图断面图例线画法

图 2-88　轴测图线性尺寸的标注方法

图 2-89　轴测图圆直径的标注方法

图 2-90　轴测图角度的标注方法

2.8.3　案例分析：某厨房中橱柜轴测图绘制方法

轴测图的表现效果比较直观，大多数人无需其他参考就能读懂，适用范围很广。高层建筑、园林景观、家具构造或饰品陈设等都能很完整、很直观地表现出来。

1.绘制完整的三视图

绘制轴测图之前必须绘制完整的投影图，平面图、正立面图、侧立面图是最基本的投影图，又称为三视图，它能为绘制轴测图提供完整的尺寸数据（见图 2-91）。此外，绘制三视图还能让绘图者辨明设计对象的空间概念和逻辑关系，是非常有必要的前期准备。厨房的橱柜构造一般比较简单，以矩形体块为主，绘制三视图须完整，连同烟道、窗户、墙地面瓷砖铺设的形态都绘制出来。平面图中要标明内饰符号，并标注尺寸与简要文字说明，尤其要注意三视图的位置关系，须彼此对齐，在绘制轴测图时才能方便识别。

2.正确选用轴测图种类

轴测图的表现效果关键在于选择适当的种类。根据上文所述，轴测图一般分为正轴测图与斜轴测图两类，其中分别又分为等测图、二测图甚至三测图。一般而言，正轴测图适用于表现两个重要面域的设计对象，它能均衡设计对象各部位的特征，但是图中主要结构线都具有一定角度，不与图面保持水平。斜轴测图适用于表现一个重要面域的设计对象，它能完整表现平整面域中的细节内容，阅读更直观，但是立体效果没有正轴测图出色。至于轴测图中等测图、二测图甚至三测图的选择要视具体表现重点而定，等测图适用于纵、横两个方向都表现重点的设计对象，二测图和三测图则在纵向上省略相关尺寸，在一定程度上提高了制图效率。该橱柜的主要表现构造可以定在 A 立面和 B 立面上，由于 B 立面的长度大于 A 立面，且柜门数量较多，故选用斜等测轴测图来绘制，这样既能着重表现 B立面又能兼顾表现 A 立面。

3.建立空间构架

绘制斜等测轴测图首先要定制倾斜角度，为了兼顾 A 立面中的主体构造，可以选择倾斜 45° 绘制基本空间构架。所有纵向结构全部以右倾 45° 方向绘制，等测图的尺度应该与实际相符（见图 2-92）。橱柜的主体结构采用中实线绘制，地面、墙面、顶棚边缘采用粗实线绘制。为了提高制图效率，可以采用折断线省略次要表现对象或非橱柜构造。

300mm×300mm防滑地砖

橱柜平面图 1:50
（a）

250mm×330mm深色墙面砖
250mm×330mm浅色墙面砖

预制塑钢窗
淡紫色防火板饰面柜门　30mm厚大理石台面

A立面图 1:50
（b）

B立面图 1:50
（c）

图 2-91 橱柜三视图

图 2-92 橱柜轴测图绘制步骤一

4. 增添细节形态

对已经绘制完成的空间构架可以逐一绘制橱柜的细节形态，一般先绘制简单的平行面域，再绘制倾斜面域，或者由远及近绘制，不要遗漏各种细节 (见图 2-93)。在斜轴测图中，平行面域中的构造可以直接复制或描绘立面图，如该橱柜三视图中的 B 立面图，只是要注意细节的凸凹。抽油烟机、水槽、炉灶等成品构件只需绘制基本轮廓形态，或指定放置位置即可，当然，也可以调用成品模型库，这样图面效果会更加精美。当全部细节绘制完成后，要仔细检查一遍，尤其是细节构造中的图线倾斜角度是否正确、一致，发现错误要及时更正。

图 2-93　橱柜轴测图绘制步骤二

5. 填充与标注

最后，可以根据三视图中的设计构思对轴测图进行填充，材质填充要与三视图一致，着重表现橱柜中的材料区别 (见图 2-94)。尺寸标注与文字标注可以直接抄绘三视图，但是要注意摆放好位置关系，不宜相互交错，导致图面效果混淆不清。当轴测图全部绘制完毕后，再做一遍细致地检查，确认无误即可标写图名和比例。轴测图的绘制目的主要在于表现设计对象的空间逻辑关系，如果其他投影图表现完整，可以只绘制形体构造，不用标注尺寸与文字。

绘制轴测图需要具备良好的空间辨析能力和逻辑思维能力，这些可以在制图学习过程中逐渐培养，关键在于勤学、勤练，初学阶段可以针对每个设计项目都绘制相关的轴测图，这对提高空间意识和专业素养会有很大的帮助。

250mm×330mm深色墙面砖　预制塑钢窗
250mm×330mm浅色墙面砖　淡紫色防火板饰面柜门
30mm厚大理石台面

橱柜正面斜等测轴测图 1:50

图 2-94　橱柜轴测图绘制步骤三

装　配　图

　　装配图是复杂设计构造的安装图样，它与构造节点图相近，因此又称为设计构造施工图或安装图 (见图 2-95)，常用于表现施工方法和工序的设计部位，如家具装配图、门窗装配图等。

　　装配图是现代室内外设计中的重要图样之一，它既能够全面表达设计对象的整体造型和结构，是主体图样，也是绘制其他各种剖面图、断面图、局部详图等图样的基础，它一般以轴测图的形式来表现，或者将多个部件的轴测图组合起来，通过引线来连接。装配图能够清楚地表达各种设计对象的结构特点，零、部件之间的装配关系，以及零、部件的基本结构形状。绘制装配图要保证各视图之间投影关系的准确性，各视图表达要简明、清楚，图样布局要合理，画法要符合制图行业标准。此外，装配图上应当根据需要标注出设计构造的尺寸和文字说明。

　　装配图中的技术要求与机械制图中零、部件的技术要求有所不同，它的技术要求不仅集中在安装后的整体要求上，如安装后的表面加工精度 (平整度、光洁度、安装误差等) 质量验收标准，更重要的是装配图中应表达多种材料构造，尤其是设计构造的表面涂饰要求，这些都是机械制图中零、部件图所不具备的。

铝合金扣板

铝合金横梁

铝合金扣板

钢化中空玻璃

铝合金限位块
M6×25不锈钢螺栓

1mm柔性垫片
铝合金横梁角码
铝合金扣板
M6×100不锈钢螺栓组

隐框玻璃幕墙装配图 1:10

图2-95 装配图

课后练习

1. 熟记总平面图常用图例。

2. 通过精确测量，绘制所在教室平面布置图与顶棚平面图。

3. 收集并整理一套适合自己使用的平面图常用图库。

4. 熟读《给水排水制图标准》(GB/T 50106—2010)。

5. 经过实地考察，绘制所在教学楼公共卫生间的给水平面图、排水平面图与相关管道轴测图。

6. 经过实地考察，绘制学校图书馆或阅览室电气平面图。

7. 熟读《暖通空调制图标准》(GB/T 50114—2010) 并收集完整的热水暖通图与中央空调图各一套。

8. 设计并绘制某住宅内饰立面图，包括客厅电视背景墙、餐厅装饰墙与卧室衣柜墙各一份。

9. 使用 A3 幅面图纸临摹本章中图 2-75 与图 2-76。

10. 使用 A3 幅面图纸设计并绘制卧室单人床与书桌各一份。

学习难度：

★★★★☆

重点概念: 两
点透视、视点、
灭点、倒影、
快速技法

148

第 3 章
透视制图原理

章节导读

透视是一种传统制图学科，在计算机制图普及之前，一直占据设计制图的核心地位。它的绘制原理复杂，绘制方法多样，大多数初学者都对此感到很困惑。在现代室内外设计制图中，设计者多用计算机三维软件来绘制透视图，绘制简便，图面整洁，容易修改，很多人不再重视学习透视制图原理，在实际工作中仍会出现各种错误。此外，近年来很流行徒手快速制图，要求在极短的时间内绘制出设计对象的透视效果，满足投资方的阅读要求。这些都要求设计者能深入了解透视制图原理，掌握透视制图技能。

3.1　透视制图的概念

3.1.1　透视基本原理

1. 透视图基本概念

在人与被观察物体之间设立一个透明的铅垂面 P 作为投影面，人的视线（投射线）透过投影面而与投影面相交所得的图形，称为透视图，或称为透视投影，简称透视（见图3-1）。

视神经 视网膜 视线　　透视投影图 画面　　　　　　　　　物体

眼底

图 3-1 透视成像原理

透视图要根据较为复杂的透视原理来绘制，多用于各类工程技术制图。在室内外设计中，为了直观反映设计对象的整体面貌，会大量采用透视图来表现设计方案。在实际绘制过程中，透视图模拟人的眼睛观察绘制对象，人的眼睛被称作视点，或视点中心，这样视点将会与人的实际观察中心一致，绘制出来的图像符合近大远小的视觉特征。如果绘制准确，透视图能像照片一样，真实地反映所绘制的设计对象，因为它的绘图原理与照相机、人眼的成像原理是一致的。

在室内外设计中，透视图主要是施工图的辅助图或参考图，它能帮助施工员、投资方快速判别、识读各种相关施工图样，还可以用作工程项目的投标方案设计图和完工后的效果图。由于透视图具备绘制方便快捷、不失真、立体感强的特点。作为设计者，能在设计方案的构思中运用这种方法快速地勾勒设计草图进行方案比较，以达到形象构思迅速，判定准确的目的。即使设计方案已经确定，设计者在绘制出各种建筑物、构筑物、室内外空间造型、家具设施的平、立、剖面等施工图以后，往往也要画出该设计方案的透视图，以烘托该设计项目的环境氛围。在制图后期，透视图一般还要求着色渲染，提升观赏价值。因此，透视图的应用十分广泛，是现代室内外设计制图中不可缺少的图样之一。

2. 透视图术语

无论是绘制还是识读透视投影图，都要对透视投影图中常用的术语和相关符号有明确的掌握，以方便学习和实践，下面详细讲解透视图中的基本术语。

(1) 基面　水平面 (H)，即地面，也认为是设计空间所在的水平面或室内空间的基础平面。在透视图绘制中，也可以将设计对象的水平投影面视为基面。

(2) 画面　即投影图画面 (P)，或者称为投影铅垂面。

(3) 地平线 (基线)　是画面与地面 (G) 的交线，交线符号为 p — p。

(4) 视位　观察者进行观察的位置。观察者对物体进行观察的位置如果发生前后、左右改变，通常会引起绘制对象大小、立体观察角度的变化，以 s 来表示。

(5) 视点　观察对象时人眼睛所处的位置，以 S 来表示。

(6) 视平线　过视点位置 S 作平面平行于水平面 H，这个平面与画面 P 的交线就是视平线 h — h。视平线能决定对象的俯仰角度变化。实际上当观察者的视位确定以后，更主要考虑的是眼睛所处的高低位置，这种位置的改变也就是视平线高低的变化。在透视投影图的绘制中，视平线 h — h 能起决定性作用，它是画面上各部分构图是否统一的测定标准。

(7) 心点(主点)　过视点作画面 P 的垂线，其线段在画面上的落点称为心点，用 s′ 表示。

(8) 主视线　视点与心点的直线连线 Ss′。

(9) 视距　就是观察者所处的位置与假想画面之间的距离，即 Ss′ 的实际长度。视距的变化能决定画面上对象形态的大小。

(10) 视高　视点到水平面的距离，它决定视点的水平位置，其变化与视平线的变化是同步的，高度为 Ss。

(11) 灭点　不平行于画面的视线或视面的消失点，通常用 s′ 或 F 表示。

图 3-2 是某电视柜的透视状况，观察者的视点 S 与电视柜棱角之间的连线穿透画面 P，并与画面 P 形成交点，透视图就是各交点在画面 P 中相互连接后最终形成的。在设计制图中，所有物体的透视一样，就是将物体的各棱角透视点依次连接起来后完成的。

图 3-2　透视图术语与符号表达部位

3. 透视图的特点

(1) 近大远小　现实状况中原本体积、大小相同的物体，在透视图中具有近大远小的特点，或者说视距越近，视角就越大，在透视投影图上的尺度越大，这是由于视距和视角发生变化的结果。当观察者的视位与视点固定时，去观察远近不同，但是形状、大小完全相同的物体时，会在视觉上感觉到较近的物体显得较大，而较远的物体则显得较小。这种规律的产生与人眼球观察物体所形成的生理现象有关，即物体在视网膜上的成像原理有关。

(2) 近高远低　各种物体本来高度相同，在透视图中有近高远低的特点，即近处显得高大，而远处显得较矮。

(3) 平行与相交　物体上互相平行的直线与画面有平行与相交的两种位置。一种是与画面平行的一组平行线，在透视图中依然平行，但是也呈现近大远小的特点；另一种是与画面相交的一组平行线，在透视图中将交汇于一点。在透视图上会出现一点透视、二点透视或三点透视。

(4) 点透视　一个点的透视仍为一个点，画面上点的透视即为自身。

(5) 直线透视　直线的透视一般仍为直线，直线通过视点，即透视为一点，画面上直线的透视即为自身，无限长直线的透视为有限长。与画面相交的平行直线，在透视图上不再平行，而是愈远愈靠拢，直至消失于一点，这个点称为灭点。

(6) 平面透视　画面上平面的透视即为自身，即画面上的平面图形经过透视后仍反映出实形，其透视形态与原型相似。

3.1.2　点与直线的透视投影

任何透视图都是由点与直线组合而成的，系统地了解点与直线的透视原理，有助于领悟透视制图的规律。

1. 点的透视投影

点的透视投影是通过该点的视线与画面的交点形成的。绘制点的透视投影，先由视点引出一条通过已知点的视线，再求出该视线与画面的交点，又称迹点，这种方法也叫视线迹点法。图 3-3 所示常见几种处于不同位置（前、中、后）三个点的透视。其中空间中的点 A 位于画面之后，上部视线与画面 P 的交点 A′ 即是点 A 的透视；而点 C 位于画面与人眼之间，将该点视线延长后与画面相交即得点 C′；点 B 在画面上，因此它的透视就是点 B(B′) 本身。

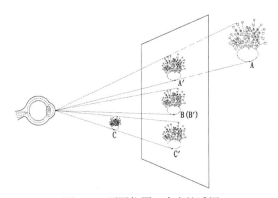

图 3-3　不同位置三个点的透视

在投影图上应用视线迹点法作空间点的透视，应该明确点的透视规律之后再作图。图 3-4（a）所示，由于点 A 在基面上的投影为基点 a，它的投影线为铅垂线，过该线的视平面是铅垂面 SAa。点的透视及基点的透视位于同一条铅垂面上，它们与画面 P 的交点 A′a′ 也是在这个铅垂面上。所以根据这种规律采用两面投影法作图时，画面 P 就等于视图中的正立投影面，画面上的心点 s′ 等于视点的正立投影；基面 H 上的视位 s 相当于视点的水平投影；面画与地面的交线 p − p，仍称为地平线，也可称为面画的基线，它平行于视平线 h − h。

绘制点 A 透视图的步骤如下。首先，作图时先将基面 H 画在画面 P 的正下方，画面中的基线为 g − g、视平线为 h − h、基面中作为画面的位置基线为 p − p、站点用 s 等符号——标出。接着，在基面上连接 sa，sa 与基线 p－p 的交点为 ag；然后在画面 P 上连接 s′a′ 和 s′ap。最后，从 ag 向上引垂直线，与 s′a′ 交于点 A′，与 s′ap 交于点 a″，点 A′ 和点 a″ 即为点 A 的透视和基面透视 [见图 3-4(b)]。

（a）
（b）

图 3-4　点的透视

2. 直线的透视投影

直线的透视投影是通过该直线的视平面与画面的交线。绘制直线的透视投影就是求出直线上任意两点的透视投影，随后将这两点连接起来，得到的就是直线的透视投影。

直线的投影具有规律性，一般情况下，直线的透视仍为直线 (见图 3-5)。只有当直线通过的方向与视线方向一致时，直线的透视才是点，其基面透视仍然是直线 (见图 3-6)。点在直线上，则点的透视和基面透视投影也在直线的透视和基面透视投影上，点 M 在直线 AB 上，点 M′ 则在直线 A′B′ 上，而点 m′ 在直线 a′b′ 上 (见图 3-7)。

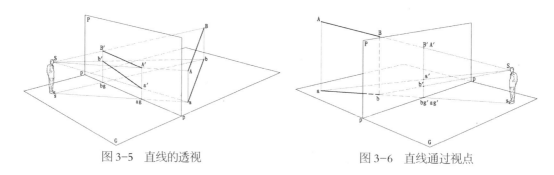

图 3-5　直线的透视　　　　　　　图 3-6　直线通过视点

3. 迹点

直线与画面相交的点在透视图中称为直线的迹点。由于迹点是属于画面中的点，所以迹点的透视就是它本身。如图 3-8 所示，迹点 K 的透视就是它本身，基面透视是点 k。直线的透视必须通过直线的迹点 K，直线的基面透视必须通过该迹点基面上的正投影。

4. 灭点

在透视投影中，直线上距离画面无穷远点的透视称为直线的灭点，以点 F 表示。直线

图 3-7 直线上点的透视   图 3-8 直线迹点的透视`

的灭点，实际上是一条由直线引出的与未知直线相平行的视线与画面的交点。如图 3-9 所示，欲求直线 AB 上无穷远点的透视，要先从视点向无穷远点引视线 SF，视线 SF 必然平行于直线 AB。视线 SF 与画面 P 的交点 F 就是直线 AB 上无穷远点的透视，即为该直线的灭点，直线 AB 的透视 A'B' 延长后一定通过灭点 F。同样道理，可以求得直线 AB 在基面的正投影 ab 上无穷远点的透视 f，称为基面灭点。由于 ab 在基面上，所以平行于 ab 的视线只能是水平线，基面灭点 f 位于视平线 h − h 上，直线 AB 的基面透视 a'b' 延长后必然通过灭点 f。基面灭点 f 与灭点 F 在同一条铅垂线上。

直线的迹点和灭点的连线，称为直线的全长透视，图 3-9 中的 A'F 连线即是如此。直线的透视必然在直线的全长透视上。直线的透视都消失于灭点，但是直线的位置不同，灭点也不一样，各种不同位置的直线透视投影都消失于自己的灭点。灭点的主要特性有以下几点。

图 3-9 直线的灭点   图 3-10 真高线

(1) 位于画面上的铅垂线反映真实高度 一切位于画面上的铅垂线，它的透视实际上就是该直线本身，即反映直线的真实高度。绘图者可以利用这种特性在画面上确定物体的真实高度，通常称之为真高线。

如图 3-10 所示，由于四边形 A'B'C'D' 中的两直线 A'C' 和 B'D' 相交于视平线上同一个灭点 F，所以这两条空间直线为互相平行的水平线。而 A'B' 和 C'D' 是两条铅垂线的透视，故 A'B'C'D' 是某矩形的透视。因为 AB 是画面上的直线，A'B' 反映了真实高度 H，而 CD 是画面后的直线，其透视 C'D' 不能直接反映真实高度，'它需要通过画面上的 A'B' 来确定其真实高度。因此，画面上的铅垂线可以称为透视图中的真高线。

这里介绍求作直线透视高度的方法。图 3-11 中给定的条件是过点 D 作一铅垂线透视，使其高度等于 H。作图时首先要在视平线上适当的位置确定一灭点 F，连接点 F 与点 D，并延长交于基线于点 B。再过点 B 作铅垂线量取 AB 等于真高 H，再连接 AF，与过 D 处的铅垂线交于点 C，则 CD 就是过点 D 且真高为 H 的铅垂线的透视 (见图 3-12)。

图 3-11　作透视高度的步骤一

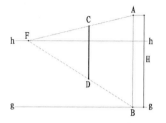

图 3-12　作透视高度的步骤二

　　(2) 一切与画面平行的直线没有灭点　这是因为从视点引出的平行视线同样与画面平行，它们之间不能相交所以没有灭点。与画面平行的直线如果同样长短的话，距离画面或者视点越近则长度显得越长，反之距离画面或者视点越远则直线的长度显得越短。如图 3-13 所示，已知直线 AB 为铅垂线，则 AB 必然平行于画面 P，其透视 A′B′ ∥ AB，也就是说 AB 的透视亦为铅垂线，所以 A′B′ 必然垂直于基线。同样道理，CD 也是平行于画面的铅垂线，但与 AB 相比距离画面较远，所以其透视铅垂线长度相对较短。

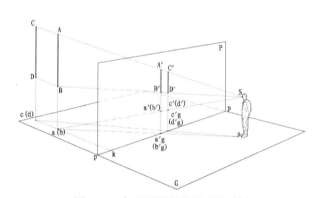

图 3-13　与画面平行的铅垂线透视

　　(3) 与画面相交的水平线有共同的灭点　一切与画面相交的水平线，它的灭点都在视平线上。如图 3-14 所示，已知直线 AB 平行于基面 G(即 AB 为水平线) 及其基投影 ab。过视点 S 与 AB、ab 平行的视线只有一条，且与画面相交在视平线上，这时透视与基透视

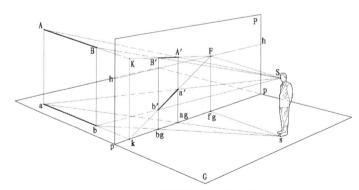

图 3-14　与画面相交的水平线透视

灭点重合。即平行于基面的画面相交线，其透视和基透视相交于同一个灭点。同样道理，相互平行的水平线，其透视和基面透视有一个共同的灭点。

3.1.3　透视图类型与特征

由于设计对象在画面中相对位置不同，且画面上灭点也不同，透视图一般分为三种类型。

1. 一点透视图

一点透视是常用的透视技法，当设计对象的立面与画面平行时所形成的透视图称为一点透视图，也称为中心透视图或平行透视图。由于这种位置关系，使得设计对象的长度方向、高度方向同时平行于画面，但都没有灭点。设计对象侧面的进深方向，则会向远处延伸形成一个灭点 s′。一点透视只有一个灭点，利用这种只有一个消失点的特性作出的投影图就是一点透视图 (见图 3-15)。

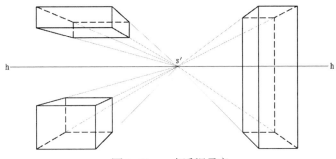

图 3-15　一点透视示意

一点透视投影图的主要特点是绘制方便，立体感较强，能够真实反映物体的实际形态。由于采用中心投影的画法，它的高度方向和宽度方向的视线与视平面的投影都平行于画面，这些直线和视平面都没有灭点和灭线。所以除了进深方向的视线或视平面是倾斜于画面以外，其余视线与视平面都与画面平行，但是具有近大远小的变化 (见图 3-16)。因此，绘制一点透视图比较容易，但是距离视点较近的物体，其侧面的投影形态容易失真。

图 3-16　室内一点透视图

2. 两点透视图

两点透视是室内外设计中运用比较多的一种透视投影技法。在绘制图样时，设计对象仅有高度方向的轮廓线平行于画面，其画面上视线与视平面的投影都处于铅垂线的方向，即垂直于水平面。长度方向与宽度方向的视线与视平面都略呈水平状态且与画面相关，并同时消失于视平线的两侧灭点 F_1、F_2，所以称为两点透视。由于在这种透视中，物体的两个立面与画面成一定的倾角，因此也叫成角透视图 (见图 3-17)。

两点透视图比较符合人的正常视觉观察，观察视域开阔，绘图时视点的位置选择灵活，立体感强。其缺点是在绘制图样时，如果物体形态较为复杂，一旦选择的视高不合适，则极容易引起设计对象的顶界面或底界面透视失真。两点透视图比较适合绘制环境空间中的某一角或局部场景 (见图 3-18)，也可以用来绘制视点较远或两个透视投影灭点都较远的建筑或构造。

图 3-17　两点透视示意　　　　　　　　图 3-18　庭院景观两点透视图

3. 三点透视图

三点透视的投影图样及画面都倾斜于基面，建筑或物体的三个方向的轮廓线均与画面相交，所以画面上有三个灭点 F_1、F_2、F_3，这种透视图称为三点透视投影图 (见图 3-19)。

三点透视投影图样除了在视平线上有两个灭点之外，在垂直方向还有向上消失的灭点，又称为天点或地点，因此用于表现建筑或物体的透视图有一种挺拔、高耸的感觉，宜表现较高大的建筑和环境空间 (见图 3-20)。

图 3-19　三点透视示意　　　　　　　　图 3-20　建筑外观三点透视图

鸟　瞰　图

鸟瞰图是根据透视原理，采用高视点三点透视法从高处某一点俯视地面绘制而成的透视图。它就像在高空飞行的鸟一样，俯视地面，不仅具备广阔的视野，还能形成平和的透视效果，鸟瞰图比普通平面图更有真实感。

鸟瞰图的视线与水平线有一俯角，图上各要素一般都根据透视投影规则来描绘，其特点为近大远小，近明远暗。例如，在直角坐标网中，东西向横线的平行间隔逐渐缩小，南北向的纵线交会于地平线上一点（灭点），网格中的水系、地貌、地物也按上述规则变化。鸟瞰图可运用各种立体表示手段，表达地理景观等内容，可根据需要选择最理想的府视角度和适宜比例绘制，它主要用于绘制大面积园林景观、群体建筑等设计项目，绘制工序较复杂。

（竖排）课程贴士

3.1.4　透视图的选用

学习透视图原理，不仅要熟练掌握各种透视画法，还要掌握合理选用透视图，这包括视点、画面位置、观看角度、透视类型、幅面尺度、配景内容等。当视点、画面和表现对象三者的相对位置不同时，透视图将呈现不同的形状，表现良好的透视图应当符合读图者的视觉审美印象。因此，这三者的相对位置不能随意确定。

1. 选定视角

当视点过偏、视距过近时，视角就会增大，透视易产生失真现象。在实际生活中，我们都可以体会到，若头部不动，以一只眼睛观看前方时，上下、左右能看到的范围构成一个以眼睛为顶点的椭圆形的视锥，其锥顶角称为视锥角。视锥角与画面的交线称为视域，视轴即视锥高，必垂直于画面。为了简便起见，实际应用时将视锥作为正圆锥，这样，视域即为正圆。视角 α 一般为 110°～130°(见图

图 3-21　人眼视觉范围

3-21)，清晰可见的视角为 60°，最清晰的在 28°～38° 范围内。绘制室内透视图时，为了表现三面墙上的设计构造，可稍大于 60°，但不宜超过 90°，否则会失真。绘室外透视一般采用 $\alpha = 30$°。以视中线为对称轴 (ssp)，将平面图的最左和最右落在 30° 三角板的斜边和长直角边上，30° 三角板顶点位置即为理想的站点 s 位置 (见图 3-22)。

图 3-23 说明了视角大小对透视图的影响，图 3-23(b) 视距近，视角大，表现对象就小，图像发生失真；图 3-23(c) 视距正常，视角适中，图像就无失真现象。

2. 选定站点位置

选择站点位置应该保证透视图具有一定的立体感，如果形体、画面位置、视角都已经确定，还要考虑站点的左右位置，为了保证能看到一个长方体的两个面，可以通过左右移动站立位置来获得最佳站点。

如图 3-24 所示，由站点 s_1 所得透视图的灭点 F_2 在透视图中，因此，只能见到形

158

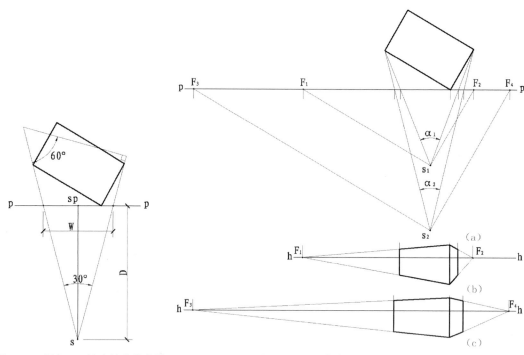

图 3-22　视角 30° 选定站点的方法　　　　图 3-23　视角大小对透视图的影响

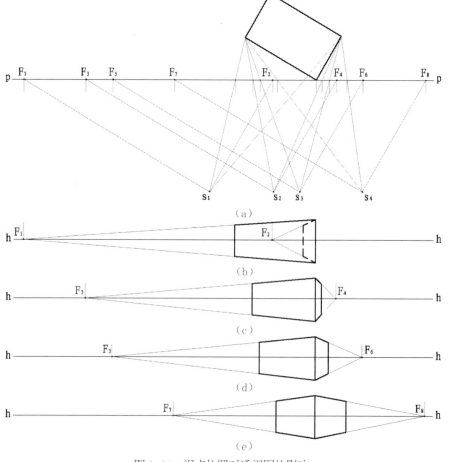

图 3-24　视点位置对透视图的影响

体的一个面，完全没有立体感 [见图 3-24(b)]。由站点 s₂ 所得的透视图的灭点 F₄ 过于靠近右侧面，不能充分表现形体的体量感 [见图 3-24(c)]。s₃ 的位置最好，体量感强 [见图 3-24(d)]。s₄ 的透视图的站点太偏右，使长面变短，短面变长，严重失真 [见图 3-24(e)]。

　　正确的选择应该使视中心线 ssp 垂直于 p-p 线，垂足 sp 以在画面宽度 W 的中心为最佳位置，也允许在中间 1/3W 范围内移动，但偏移的范围不宜超出 W 宽度范围，否则会严重失真。图 3-25 所示的形体由三个体块组合而成。图 3-25(a) 中，sp 在画面宽度 W 的中间，使透视图中能看到三个体块。而图 3-25(b) 中所示的 sp 在 W 宽度范围之外，透视图中只能看到两个体块，严重失真，影响表现效果。

图 3-25　视点中心区域的确定

3. 选定视高

　　视高的选择就是指确定视平线的高度，在室外透视中，通常按一般人的眼睛到地面的高度来作为视高，约 1.6 m 左右。图 3-26 说明了改变视高会影响透视效果。

　　图 3-26(b) 的视平线位于立方体底部下方，能看到立方体的底面，一般用于绘制悬挂在空中的设计对象，如吊脚楼，墙面悬挂吊柜等。

　　图 3-26(c) 的视平线位于立方体底边上，能表现出立方体稳重、雄伟的感觉，适用于绘制纪念碑、塔楼等。

　　图 3-26(d) 的视平线位于立方体高度中央偏下，接近底边，适用于表现室外建筑的立面形体。

　　图 3-26(e) 的视平线位于立方体高度正中，上下透视感觉相同，表现效果呆板、僵硬，一般不建议选用。

　　图 3-26(f) 的视平线位于立方体高度中央偏上，接近顶边，能较全面观看设计对象的全貌，适用于表现室内空间透视图。

　　图 3-26(g) 的视平线位于立方体顶边上，适用于表现去除顶棚的室内空间透视图，它

的全局包容性会更好。

图 3-26(h) 的视平线位于立方体顶部上方，能看到立方体的顶面，一般用于绘制建筑场景、园林景观的鸟瞰图，这更有利于表示室外道路、广场及建筑群之间的相互关系。

4. 画面位置

当画面平行移动时，所得透视图将不改变形状，只改变大小（见图 3-27）。如果视点与设计对象的相对位置关系不变，将画面前后移动到 P_1、P_2、P_3 的位置则得出透视图 3-27(b)、图 3-27(c) 和图 3-27(d)。画面 P_1 在形体之前，所得的透视图 3-27(b) 为缩小透视。画面 P_2 与形体相交，所得的透视图 3-27(c) 为图 3-27(b) 的放大透视。画面 P_3 在形体之后，所得透视图 3-27(d) 为图 3-27(c) 的放大透视。通常取缩小透视 [见图 3-27(b)]，并且使设计对象的一角紧靠画面，能反映出真高线，方便绘制。

5. 表现对象与画面的夹角

设计对象的主要面与画面的夹角通常取较小值，如 30°。这时透视现象平缓，符合设计的实际尺度，可使设计对象的主要面、次要面分明。

图 3-28(b)、图 3-28(c) 所示的位置为常用的透视角度，主次分明，主要面长度比例符合实际情况。图 3-28(d) 一般不用，因为形体的长面与宽面同画面倾角大致相等，透视图上两个方向斜度一致，主次不分明，特别是对平面图为正方形的形体，透视图特别显得呆板。图 3-28(e)、图 3-28(f) 适用于突出画面的空间感，或表现设计对象的雄伟感，主要面

图 3-26　视点高度对
透视图的影响

图 3-27　画面位置对
透视图的影响

图 3-28　表现对象角度对
透视图的影响

与画面夹角较大，使其有急剧的透视现象。

图 3-29 采用一点透视绘制了室内客厅空间，能清晰表现出三面墙上的主要内容，视点高度约为 1.2 m，这对于内空 2.8 m 的住宅而言比较合适。图 3-30 采用两点透视绘制了室内卧室空间，倾斜角度不大，主要表现床头背景墙，兼顾电视墙，视点高度约为 0.8 m 左右，避免增大床面面积而显得单调，既端庄又不拘谨，比较适合卧室空间。

图 3-29　客厅一点透视图　　　　　　　图 3-30　客厅两点透视图

正确、合理选择透视图表现角度有助于提升透视图的品质，能清晰、准确反映设计对象的重点部位。在绘制透视图之前，一定先要认真考虑选择方向，再开始绘图，并运用正确的透视原理，这样绘制出优质透视图就很容易了。

3.2　一点透视

在一点透视中，空间物体的主要面平行于画面，因此又称为平行透视，适用于横向面积宽广且需要表现纵深空间的设计对象。由于一点透视只有一个灭点，绘制起来较为简单，前部立面为二维投影视图的绘制方法，可以直接抄绘正立面图，关键在于确定纵深方向的空间距离。常见一点透视图的绘制方法主要有灭点法和距点法两种，这里就以一组几何形体为例，详细讲述一点透视图的基本原理与绘制方法。

3.2.1　灭点法作一点透视图

在一点透视图中，灭点法将设计对象平面图中的各点与视点 s 相连接，连线与画面 P 形成交点，再将这些交点投射至基面 G 上形成形体的竖向高度位置线，最后连接灭点 s′ 来完成整个透视图。使用灭点法作一点透视图，要预先绘制设计对象的立面图与平面图，复杂构造更需要绘制多个立面，并标注较详细的尺寸数据。

1. 确定视点与视高

绘制设计对象的平面图与立面图 (见图 3-31) 后，须作详细检查，辨明设计对象的空间关系。

162

图 3-31 几何形体三视图

　　首先，引用平面图，将其抄绘或复制至图稿中央，并通过下部直边 GI 作画面线 p，
设视点 s 于平面图的右下方，具体位置可以根据设计对象的特征和绘制需要来定（见图
3-32)。这里将视点 s 定在距画面线 p 下方 13200 mm 处，距平面图边缘 CK 右侧 6500 mm
处，能适宜反映设计对象的全貌。一般而言，视点 s 距画面线 p 的直线距离为设计对象平
面形体长或宽的 2 ～ 3 倍左右。然后利用视点 s 距画面线 p 之间的空白区域任意绘制基线

图 3-32 灭点法绘制一点透视图

g 与视平线 h，两者的间距即为视高，视高尺度也须根据设计对象的特征来定制，这里以能看到左侧立方体的上表面为佳，视高定为 3200 mm，再作视点 s 至视平线 h 的垂直连线 ss′ 交视平线 h 于点 s′，点 s′ 即为该一点透视图中的灭点。

2. 寻求真高线

在基线 g 上抄绘或复制正立面图，正立面图既可以画在左侧，再延伸至平面图下方，也可以直接画在与平面图纵向对齐的位置上。其中由 GI 投射下来的面域 gg°i°i 为真实投影面，gg° 与 i°i 就是设计对象的可见原位真高线，而 a′m 与 c′cg 为不可见真高线，故采用双点划线绘制。真高线是求得透视效果的基准参考线，它的存在数量与画面线 p 的位置相关。因此，一般应将画面线 p 设定在平面图的下部边缘上，与平面图的直线边重合。这样，真高线就出现在透视图中的最前端，方便后期制图参照。

3. 投射透视图

首先，分别连接 Fs、As、Bs、Cs、Ks，交画面线 p 于点 fp、ap、bp、cp、kp。

然后，再将这些交点向下投射到基线 g 上，分别得出点 fg、ag、bg、cg、kg 与相关垂直连线。这些垂直连线就是设计对象立方体纵向边角的透视轮廓线，它们与真高线一同形成了一点透视图的纵深轮廓。纵深轮廓线有可见线与不可见线两类，绘图时一般只需绘制可见线，如 fpfg、apag、bpbg、cpcg、kpkg。对于透视图中看不到的角点与轮廓线可以不画，如立方体后方角点 E、J 的透视轮廓线，但是初学者也可以画出来作为辅助参考。

最后，将真高线上的点 g、i、i°、a′、m、c′、cg 等分别与灭点 s′ 相连，其连线与刚才绘制的纵深轮廓线分别相交，得出点 f、b、b°、a、a°、c、c°、k、d°，这些交点即是设计对象在透视图中的边角点，根据设计对象形体结构，连接这些角点，即得出设计对象的一点透视图。

使用灭点法绘制一点透视图，原理比较简单，只是将平面角点与视点 s 相连，得出透视图中的纵深轮廓线，即纵线，再通过真高线与灭点 s′ 相连，得出透视图中的透视线，即横线，纵、横线相交就得出透视图中的边角点，连接边角点即完成一点透视图。

3.2.2　距点法作一点透视图

距点是指画面垂直线的量点，距点法也可以称为量点法，用 D 表示。sD 与 ss′ 之间的夹角为 45°，点 D 位于画面线 p 上。在一点透视图中，通过连接距点 D 与基线 g 上的实际纵深尺度，得出设计对象的纵深轮廓位置。因此，距点法是一种较为直观的透视制图方法。这里仍然根据图 3-31 的构造尺寸来绘制，只是将设计对象变换为左侧观看视点，采用距点法来绘制一点透视图 (见图 3-33)。

1. 确定视点、视高与距点

首先，引用平面图，将其抄绘或复制至图稿中央，并通过下部直边 GI 作画面线 p，设视点 s 于平面图的左下方，为了与上述灭点法制图形式有所区别，特将视点 s 定在距平

图 3-33 距点法绘制一点透视图

面图边缘 FG 左侧 6500 mm 处，距画面线 p 下方 13200 mm 处，保持视点 s 距画面线 p 的直线距离为设计对象平面形体长或宽的 2 ～ 3 倍左右。

然后，利用视点 s 距画面线 p 之间的空白区域任意绘制基线 g 与视平线 h，两者的间距即为视高，视高定为 3200 mm，仍以看到左侧立方体上表面为佳。再作视点 s 至视平线 h 的垂直边线 ss′ 交视平线 h 于点 s′，点 s′ 即该一点透视图中的灭点。

最后，绘制 sD 与画面线 p 相交于 D，且 sD 与 ss′ 形成右侧 45° 角，即点 D 为该一点透视图中的距点。

2. 绘制真高线与透视线

在基线 g 上抄绘或复制正立面图，正立面图须与平面图的位置对齐，其中由 GI 投射下来的面域 gg°i°i 为真实投影面，gg° 与 ii° 就是设计对象的可见原位真高线，而 a′n° 与 c′cg 为不可见真高线，故采用双点长画线绘制。

然后，将真高线上的点 g、g°、i、i°、a′、n°、c′、cg 等分别连接灭点 s′，所形成的连线即为设计对象的透视线，它们是一点透视图中主要的轮廓线。

3. 投射透视图

以点 g° 为起点，根据图 3-31 中的尺寸标注，沿基线 g 向左测量出设计对象的侧面结构宽度，分别得出点 gg、eg、fg，其中 g°gg = 750 mm，ggeg = 1500 mm，egfg = 750 mm。分别连接点 fg、eg、gg 至距点 D，这 3 条连线分别交 g°s′ 上于点 f°、m、m′，过点 f°、m、m′ 向上作垂线交 gs′ 于点 f、n、n′，过点 f、n、n′ 作水平线交 n°s′，其中得到点 e° 与点 a°。同样，过点 m′ 作水平线与 ags′、i°s′、cgs′ 相交于点 m°、b°、c°，再过点 m°、b°、c° 作垂线，其中 m°a 交 n°s′ 于点 a°，b°b 交 is′ 于点 b，c°c 交 c′s′ 于点 c。过点 e° 与点 a° 向上作垂线交 a′s′ 于点 e 与点 a。这样，就得出设计对象上的全部可见透视角点，分别为点 f、f°、e°、a°、e、a、c、c°、b，根据设计对象形体结构，连接这些角点，即得出设计对象的一点透视图。

使用距点法绘制一点透视图，需要将距点 D 与实际测量的侧立面尺度相结合，确定设计对象的侧面结构在透视图中的空间位置，从而最终完成透视图。运用距点法来绘制一点透视图的优势在于绘制的辅助线与参考线较少，但是设计对象的侧面结构定位需要通过距点 D 来中转，要求正确认识该透视图中点的位置及彼此间的逻辑关系。

3.2.3　案例分析：某电梯间一点透视图绘制方法

为了强化对一点透视图的理解，这里再列举某电梯间室内设计方案，详细讲解一点透视图的实践绘制方法。由于幅面有限，避免角点代号占据过大图面面积，故省略各构造角点的标识。

1. 分析空间关系

首先，根据设计要求完整绘制电梯间的平面布置图、顶棚平面图与两个主要立面图 (见图 3-34)，这些图也可以从施工图中描绘或复制至图稿中央。简化原图的尺寸标注，只保

图 3-34　电梯间平面图与立面图

留即将要绘制的尺寸，如电梯间平面空间的长、宽尺寸及立面图中主要装饰构造的尺寸。该电梯间纵深较大，需表现左、右墙面上的电梯门，选用一点透视比较适宜，且两侧完全对称，形成稳重的视觉感受。室内设计顶棚高度为3150 mm，视高可定为1200 mm，画面线 p 定在远处内墙边缘线上，视点 s 距画面线 p 为10000 mm。

然后，就运用灭点法来绘制该电梯间的一点透视图，由于细节构造较多，可以分为墙面、地面和顶棚三个界面依次绘制。

2. 绘制界面

首先，需要简化电梯间平面图，只保留墙体结构，抄绘或复制在图稿上方。将视点 s 分别与左侧墙面上石材铺装网格点相连接，从而投射到下方透视图中，结合真高线上的铺装网格点，纵横交错地绘制出左侧墙面石材铺装透视线（见图3-35）。

然后，运用同样的方法将右侧墙面上电梯门的形态也绘制出来，注意电梯门的门套具有一定厚度，这在透视图中不能有遗漏，需要完整表现。凡是在平面图中有所反映的形体结构，都要求投射到透视图中，透视图中的纵向尺度都在远处墙面上测量，并与灭点 s′ 相连，远处墙面高度线即是真高线。当左侧墙面上的石材铺装网格与右侧墙面上的电梯门绘制完成后，即可左右镜像复制，同时得出左右两面墙上的形体结构。

接着，在透视图下方对齐绘制地面铺装图，这里可只绘制地面铺装形体，省略墙体构造。在同样的位置设定点 s，将点 s 与地面石材网格的横向边缘线或延长线相连接，并延伸到画面线 p 上，在透视图中投射出地面装饰横向网格。在远处墙面上测量出纵向铺装网格点，且与灭点 s′ 相连接，这样就绘制出纵横交错的地面石材铺装网格线了，还可以根据需要在地面上设计绘制拼花图样，使透视效果更丰富（见图3-36）。由于图面复杂，投射辅助线过多。

最后，可以将透视图抄绘或复制一份，继续绘制顶棚构造，具体方法与地面一致。

3. 添加填充装饰

当一点透视图中的结构全部绘制完成后，须作全面检查，发现图线错误或视觉上的不良感受即要再次核对，及时纠正错误。最后可以将图稿描绘或复制至质地较好的绘图纸上，并为踢脚线、窗户玻璃、地面铺装等装饰构造添加必要的填充，使图面形成黑、灰、白三个层次（见图3-37），甚至可以着色渲染。

绘制一点透视图相对简单，方法单一，制图中需要重复绘制大量毫无变化的辅助线，这对初学者的耐心是一项严峻的考验，要求在一点透视图中打好基础，磨练意志，这样会使后面的学习更容易（见图3-38、图3-39）。

图 3-35　电梯间一点透视图绘制步骤一

图 3-36　电梯间一点透视图绘制步骤二

图 3-37　电梯间一点透视图绘制步骤三

图 3-38　客厅一点透视图一

图 3-39　客厅一点透视图二

3.3　两　点　透　视

相对于一点透视图而言，两点透视图的表现效果更丰富些，它能着重表现设计对象的两个面，较符合人在日常生活中的观看习惯。因此，在室内外设计制图中，两点透视的使用频率会更高些。两点透视图的绘制方法主要有灭点法和距点法两种，这里就列举一组几何形体详细讲解这两种方法的基本原理与绘制方法。

3.3.1　灭点法作两点透视图

在两点透视图中，灭点法运用最普及，将设计对象平面图中的各点与视点 s 相连接，连线与画面 P 形成交点，再将这些交点投射至基面 G 上形成形体的竖向高度位置线，最后连接两个灭点 f_1 与 f_2，最终完成整个透视图。

使用灭点法作两点透视图，要预先绘制设计对象的立面图与平面图 (见图 3-40)，复杂的构造更需要绘制多个立面，并标注详细的尺寸数据。

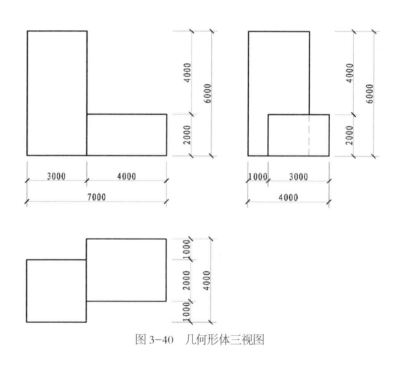

图 3-40　几何形体三视图

透视图中角点代号的编制

分析透视图绘制方法与步骤时，一般会在图稿中标注大量角点代号，以区分彼此间的关系，但代号运用过多会造成图面效果混乱，不方便识读。

透视图中角点代号的编制要有规律，平面图或主要立面图上的角点一般选用英文大写字母，按逆时针方向顺序编制，投射后生成的透视图采用相对应的小写字母标注，出现纵向多个角点，可以在字母后增加上标"○"、"′"、"″"来补充。如果同类角点数量过多，也可在字母后增加下标"1"、"2"、"3"或"a"、"b"、"c"。编制角点代号时还要注意回避使用特定代号，避免重复，如 s 表示视点，h 表示视平线，p 表示画面线，g 表示基线，s′、F/f 表示灭点，D、M/m 表示距点等。如果角点落在视平线 h、画面线 p、基线 g 上，也可以采用相关字母与线代号相互组合的形式来编制，如 ap、bg 等。角点代号应分类标注，同类角点最好指定核心字母，然后依次作变化，如 B、B°、b、b°、b′、b°、b_1、b_2、b_3、…，bp、bg 等，此外，在透视图中不可见且无实际用途的角点可以不作编制。

1. 确定视点与视高

绘制设计对象的平面图与立面图后，须作详细检查，辨明设计对象的空间关系。

首先，引用平面图，将其抄绘或复制至图稿中央。为了获得良好的两点透视效果，特将平面图原地顺时针旋转 30°，并通过点 A 作画面线 p，设视点 s 于平面图点 A 正下方 9000 mm 处，并连接点 s 与点 A。视点 s 距画面线 p 的直线距离为设计对象平面形体长或宽的 2 ～ 3 倍左右。经过旋转后的设计对象须将其中一个角点位于画面线 p 上，对于视点 s 而言，这个角点最好是设计对象中距离视点 s 最近的角点，它必定位于该透视图的真高线上 (见图 3–41)。

图 3–41　灭点法绘制两点透视图

然后，在视点 s 下方空白区域任意绘制基线 g 与视平线 h，如果视点 s 与画面线 p 之间有足够大的区域，也可以放置在其间，或者在平面图上方绘制透视图。总之，要尽量缩短基线 g 与画面线 p 之间的距离，方便绘制辅助线与参考线。基线 g 与视平线 h 的垂直连线即为视高，视高尺度也须根据设计对象的特征来定制，这里以能看到右侧立方体的上表面为佳，视高定为 2500 mm。

2. 寻求灭点与真高线

过视点 s 作 sF_1 与 sF_2，交画面线 p 于点 F_1 与点 F_2，且 $sF_1 /\!/ AD$，$sF_2 /\!/ AB$，点 F_1 与点 F_2 即为该两点透视图中的两个灭点，sF_1 与 sF_2 之间的夹角为 90°。灭点 F_1 与 F_2 的具体位置与表现对象的旋转角度有关，也与视点 s 的具体位置有关，视点 s 距离设计对象或远或近，偏左偏右，都直接影响最终的透视效果。在画面线 p 上确定了灭点 F_1 与 F_2 后，可以将其垂直引伸至视平线 h 上，即得出透视图中的灭点 f_1 与 f_2。

由于该设计对象是两个立方体的组合，于是需要求得两条真高线，为后期形成透视图打好基础。先将视线 sA 向下延伸至基线 g 上，得出交点 a′，过点 a′ 向上作垂线 a′a，且 a′a 的绘制长度为 2000 mm，与该立方体在立面图中的高度一致，即 a′a 为右侧立方体的真高线。再将左侧立方体上的前方直边 JK 延伸至画面线 p 上，交画面线 p 于点 K°，过点 K° 向下作垂线至基线 g，得出交点 kg，过 kg 向上作垂线至点 k″，且 kgk″ 的绘制长度为 6000 mm，kg k″ 与该立方体在立面图中的高度一致，即 kgk″ 为左侧立方体的真高线，并采用双点长画线绘制。

真高线是求得透视效果的基准参考线，通常在两点透视图中，每个独立形体都应该寻求至少一条真高线，它的存在与画面线 p 的位置有关。因此，一般应将画面线 p 设定在平面图的下部边角点上，这样，真高线就会出现在透视图中的最高端，方便后期制图参照。

3. 投射透视图

首先，分别连接 Js、Ks、Ds、Es、Cs、Bs，交画面图 p 于点 jp、kp、dp、ep、cp、bp，再将这些交点向下投射到透视图中，得到 jpj、kpk、dpd、epe、cpc、bpb 等相关垂线，这些垂线就是设计对象立方体纵向边角的透视轮廓线，它们与真高线一起形成了两点透视图的纵深轮廓。纵深轮廓线有可见与不可见两类，绘图时一般只需绘制可见线与可见角点，对于透视图中看不到的轮廓线与角点可以不画，如左侧立方体后方角点 G 的透视轮廓线。但是对于初学者，也可以画出来作为辅助参考。

然后，将真高线上的点 a、a′、k″、kg 等 4 点分别连接灭点 f_1 与 f_2，这 4 点与灭点 f_1、f_2 间的连线会和刚才绘制的纵深轮廓线分别相交，得出点 d、d′、b、b′、j、j′、k、k′，其中再将点 d 与灭点 f_2 相连，交 bf_1 于点 e′ 和点 c，将点 k 与灭点 f_2 相连，交 epe 于点 e，这些交点即是设计对象在透视图中的边角点。

最后，根据设计对象形体结构，连接这些角点，最终得出设计对象的两点透视图。

使用灭点法绘制两点透视图，原理比较简单。只是将平面角点与视点 s 相连，得出透视图中的纵深轮廓线，即纵线；再通过真高线与灭点 f_1、f_2 分别相连，得出透视图中的透视线，即横线。纵、横线相交就得出透视图中的主要边角点，其余边角点可以由已知点继续延伸得出，连接这些边角点即得出两点透视图。

3.3.2　距点法作两点透视图

在两点透视图中，距点也有两个，分别用 M_1/m_1、M_2/m_2 表示，寻求距点并引用距点是两点透视图的绘制关键。通过引用距点，能得出设计对象左、右两侧的纵深轮廓位置，因此，距点法是一种较为直观的透视制图方法。这里仍然根据图 3-40 中的设计对象，采用距点法来绘制两种透视图。

1. 确定视点与视高

由于仍然根据图 3-40 来绘制两点透视图，确定视点与视高的方法与灭点法作两点透视图一致，由于两点透视比较复杂，这里就不再变换视点 s 的位置了，方便与灭点法相互对照比较。

2. 寻求灭点、距点与真高线

寻求灭点的方法与灭点法一致，过视点 s 作 sF_1 与 sF_2 交画面线 p 于点 F_1 与点 F_2，且 $sF_1 \parallel AD$，$sF_2 \parallel AB$，点 F_1 与点 F_2 即为该两点透视图中的两个灭点，sF_1 与 sF_2 之间夹角为 $90°$。分别以点 F_1 与 F_2 为圆心，$F_1 s$ 与 $F_2 s$ 为半径，作两条弧分别交画面线 p 于点 M_1、M_2，点 M_1 与 M_2 即为该两点透视图中的两个距点，再将灭点 F_1、F_2 与距点 M_1、M_2 垂直引伸至视平线 h 上，即得出透视图中的灭点 f_1、f_2 与距点 m_1、m_2。距点用来确定透视对象的侧面尺度，它是绘制透视图的中转媒介，具体位置与灭点、视点的位置相关 (见图 3-42)。

图 3-42　距点法绘制两点透视图

该设计对象由两个立方体组合，其中右侧立方体的角点 A 位于画面线 p 上。因此，直接连接 As 并向下延伸至基线 g 上，得出交点 a'，过点 a' 向上作垂线 a'a，且 a'a 的绘制长度为 2000 mm，与该立方体在立面图中的高度一致，即 a'a 为右侧立方体的真高线。由于左侧立方体没有与画面线 p 相接，无法直接绘制其原位真高线，可以将 a'a 向上延伸至点 a_1，且 $a'a_1$ 的绘制长度为 6000 mm，$a'a_1$ 即是等同于左侧立方体的真高线，也可以认为 $a'a_1$ 是左侧立方体的异位真高线或辅助真高线，故仍采用双点长画线表示。使用距点法绘制两点透视图，最好将画面 p 放置在设计对象的前方角点上，并以此点为核心，测量出该设计对象中所有形体的辅助真高线，为后期绘制透视图打好基础。

3. 投射透视图

首先，绘制右侧立方体，分别连接 af_1、af_2、$a'f_1$、$a'f_2$，形成该立方体的透视雏形。以点 a' 为端点，在基线 g 上向左侧测量得出 a'kg=1000 mm，a'dg=4000 mm，dgjg=3000 mm，这些尺寸分别是平面图中 KD、AD、KJ 的实际长度，再在基线 g 上向右侧测量得出 a'ig = 2000 mm，igbg = 1000 mm，这些尺寸分别是平面图中 DE、EC 的实际长度。

然后，分别连接 jgm_1、dgm_1、kgm_2、igm_2、bgm_2，连接原则是两点透视图中左侧边长上的测量点连接右侧距点 m_1，右侧边长上的测量点连接左侧距点 m_2。dgm_1 交 $a'f_1$ 于点 d'，bgm_2 交 $a'f_2$ 于点 b'，得到点 d' 与点 b' 即是右侧立方体底部角点，由点 d' 与点 b' 分别向上作垂线交 $a'f_1$ 于点 d，交 af_2 于点 b，得到点 d 与点 b 即是右侧立方体顶部角点，连接 df_2、bf_2，这两条线交于点 c，右侧立方体透视图中可见角点即全部得出，完成该立方体的绘制。

接着，绘制左侧立方体，由于没有原位真高线，该立方体上的各角点都需要依次引申求得。先连接 m_2kg 并延长，交 f_2a' 的延长线于点 k_1，连接 k_1f_1，交 f_2d' 的延长线于点 k'，点 k' 为左侧立方体的底部角点。再连接 jgm_1 交 $a'f_1$ 于点 j_1，连接 f_2j_1 并延长交 $k'f_1$ 于点 j'，得出点 j' 为底部另一角点。同样的方法，连接 igm_2 交 $a'f_2$ 于点 i'，分别连接 $i'f_1$、jgm_1、$d'f_2$，得出交点 e' 为该立方体底部不可见角点，这样左侧立方体底部 4 个角点 j'、k'、d'、e' 都确定了，并分别过这 4 点向上作垂线。其中 $d'd_1$ 交 a_1f_1 于点 d_1，连接 d_1f_2 交点 e' 向上引出的垂线 e'e 于点 e，反向延长 d_1f_2 交点 k' 向上引出的垂线 k'k 于点 k，连接 kf_1 交点 j' 向上引出的垂线 j'j 于点 j，这样，左侧立方体顶部 3 个可见角点 j、k、e 都确定了。

最后，根据形体结构，连接各角点，完成该设计对象的两点透视图。

在两点透视图中，距点法所需要的辅助线与参考线较少，但是透视形体的侧面结构定位需要通过距点 m_1 与 m_2 来中转，且左侧面上的尺寸测量点须与右侧距点连接，而右侧面上的尺寸测量点须与左侧距点连接，无原位真高线的形体要设定辅助异位真高线，并将其引申至形体上，特别注意透视图中点的位置及彼此间的逻辑关系。

3.3.3 案例分析：某报刊亭两点透视图绘制方法

为了强化对两点透视图的理解，这里再列举某报刊亭外观设计方案，详细讲解两点透视图的实践绘制方法。由于幅面有限，避免角点代号占据过大图面面积，故省略各构造角点的标识。

1. 分析空间关系

首先，根据设计要求绘制报刊亭的平面图、正立面图与侧立面图，这些图也可以从施工图中描绘或复制到图稿中来 (见图 3-43)。简化原图的尺寸标注，只保留即将要绘制的尺寸，如报刊亭中主要形体构造与装饰构造的尺寸。为了获得适宜的观看视角，可以将平面图旋转 30°，使其顶棚角点落在画面线 p 上，设有门窗的正立面为主要观看对象，无门窗的侧立面为次要观看对象。视点 s 与顶棚角点相连，其连线与画面线 p 垂直，视距为9000 mm，形成较端庄的视角。

然后，分别绘制视平线 h 与基线 g，报刊亭全高 3400 mm，视高可定为 1200 mm。过视点 s 向画面线 p 引出灭点 F_1 与 F_2，再过点 F_1 与 F_2 作垂线引伸至视平线 h 上得到透视图的灭点 f_1 与 f_2，做好准备工作。这里运用灭点法来绘制该报刊亭的两点透视图，由于细节构造较多，可以分为基础构造与门窗装饰两个部分先后绘制。

图 3-43　报刊亭平面图与立面图

2. 绘制构造

首先，绘制报刊亭的基础构造，将平顶图中各主要角点分别与视点 s 连接，这些连线与画面线 p 形成的交点再向下引申到透视图中。报刊亭的真高线仅为顶棚厚度垂直轮廓线，因此，要以此为参照推引出其他构造的纵向轮廓线。注意右侧立面上的三个立筋装饰构造，它们的边缘与侧面顶棚平齐 (见图 3-44)。

然后，以最近处顶棚厚度垂直轮廓线的延长线为辅助真高线，分别将主要角点分别与灭点 f_1、f_2 相连接。对细节特别繁琐的设计对象，也可以同时采用距点法来推引透视结构，

图 3-44　报刊亭两点透视图绘制步骤一

虽然操作更复杂，但是能换一种思维来推引透视线，它也可以成为灭点法制图的一种参考方式。

最后，完成基础构造绘制就要仔细检查透视形体，发现图线错误或混淆不清，要及时修改。

以同样的方式，可以投射出门窗等装饰形体。门窗构造是正立面中的主要表现内容，分为玻璃、边框、门窗套等多个层次，应先绘制主要轮廓，再分别向内绘制边框线，向外绘制门窗套线。报刊亭中的主体构造采用中实践绘制，辅助构造与装饰构造采用细实线绘制，明确透视图中的层次（见图 3-45）。当构造细节过多时，可以在绘图中分阶段描绘或复制图纸，避免过多参考线干扰逻辑思维。

图 3-45　报刊亭两点透视图绘制步骤二

3. 添加填充装饰

当报刊亭两点透视图中的结构全部绘制完成后，须做全面检查，发现图线错误或视觉上的不良感受都要再次核对，纠正错误。这时可以将图稿描绘或复制至质地较好的图纸上，并为报刊亭添加相关配景，如树木、花草、地面铺装等，这些形体的透视仍须严谨绘制。最后，为门窗玻璃、墙面材质、地面铺装等装饰构造添加必要的填充，使图面形成黑、灰、白三个层次，甚至可以着色渲染 (见图 3-46)。

绘制两点透视图比较复杂，需要严密的逻辑思维能力作保障，灭点法与距点法可以相互穿插使用，使用一种方法检校另一种方法，保证两点透视图的准确性 (见图 3-47、图 3-48)。

图 3-46 报刊亭两点透视图绘制步骤三

图 3-47 卧室两点透视图

图 3-48 客厅两点透视图

3.4 三 点 透 视

三点透视的表现效果更符合人的视觉观察习惯，适用于体量大且高耸的表现对象。当画面 P 与基面 G 倾斜成一定角度时，设计对象投射到倾斜画面上的透视图就称为三点透视或斜透视。相对于两点透视而言，三点透视增加了一个灭点 f_3，在制图中寻求这个灭点

与其相关的距点 m_3 成为绘制三点透视图的关键。三点透视主要是在一点透视和两点透视的基础上引入了纵向灭点，使较高的设计对象显得更具真实感 (见图 3-49)。三点透视图的绘制方法主要有灭点法与距点法两种，这里就列举一组几何形体详细讲解这两种方法的基本原理与绘制步骤。

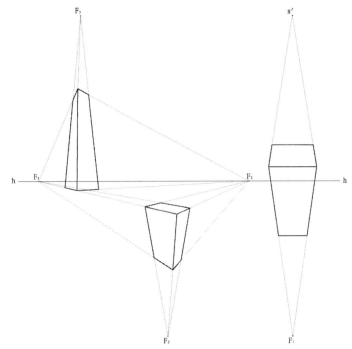

图 3-49　三点透视的形态

三点透视的种类

课程贴士

三点透视的画面是倾斜的，但透视图仍要表示在铅垂画面 (图纸)V 上，因此要将 p 面上交得的各点绕基线旋到与 V 面重合，然后连接重合后的各点，才得三点透视。主要形式有以下三种。

(1) 仰望三点透视：画面倾斜角 $\theta < 90°$，即画面向视点所在方向倾斜，其特点是铅垂线向上消失于灭点 F_3[见图 3-50(a)]。

(2) 鸟瞰三点透视：画面倾斜角 $\theta > 90°$，即画面向视点对立方向倾斜，其特点是铅垂线向下消失于灭点 F_3[见图 3-50(b)]。

(a)　　　　　　　　(b)　　　　　　　　(c)

图 3-50　三点透视的种类

(3) 平行三点透视：倾斜画面又平行于物体的一个水平主向，使此主向的水平线没有灭点，或者灭点在无限远处 [见图 3-50(c)]。

为了使三点透视更富有真实感，一般要使视点位于设计对象的一条主铅垂棱线上。那么这条铅垂棱线在所求得的三点透视图中仍为垂线。灭点 F_3 亦在此铅垂线的延长线上，使所绘制的三点透视图给人以稳定、庄重的感觉。

3.4.1　灭点法作三点透视图

在三点透视图中，需要求得高度上的灭点 f_3 与透视标高点，这样才能引出设计对象上的各透视角点，从而完成整个透视图。使用灭点法作三点透视图，要预先绘制设计对象的立面图与平面图，复杂构造更需要绘制多个立面图，并标注详细的尺寸数据 (见图 3-51)。

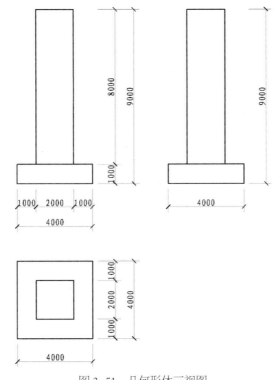

图 3-51　几何形体三视图

1. 确定视点与视高

绘制设计对象的平面图与立面图后，须做详细检查，辨明设计对象的空间关系。

首先，引用平面图，将其抄绘或复制至图稿中央，这里计划表现该几何形体的平行三点透视 (见图 3-52)。过边 AB 作画面线 p，设视点 s 于平面图边 BC 右侧 3000 mm 处，过点 s 向画面线 p 作垂线，交画面线 p 于 sp，使 ssp = 8000 mm。视点 s 距画面线 p 的直线距离为设计对象平面形体长或宽的 2 ～ 3 倍。

然后，过视点向左侧作一条较长的水平线，末端交斜线 x 于点 s″，斜线 x 角度为45°，它是一条转向基准线，ss″ 通过斜线 x 后即向上发生转向，使视点 s 与平面图之间的关系延伸至图稿上方空白区域，方便后期绘制透视图。

接着，在平面图上方任意空白区域绘制基线 g，并将平面图中的 DC、KJ、EI、AB 等

4 条横边延伸至斜线 x 上，通过斜线 x 向基线 g 上投射出该设计对象的立面图。立面图的高度为真实尺寸，所在底边位置应对齐基线 g，该立面图用于确定透视图中结构的高度位置。过立面图顶部边缘 J″、I″作水平线 g′，过立面图右侧边缘 B°B′作垂线 v，使水平线 g′与垂线 v 交点 O，再过点 O 向右下方作斜线 p′，∠ p′Ov = 30°，斜线 p′就是三点透视图中的竖向画面线，由于该透视图设计视角为向下俯视，故将实际基线 g′定于立面图顶部，竖向画面线 p′向右下方倾斜，具体角度根据实际需要来确定，一般以 20° ~ 70° 之间为宜。

最后，在顶部基线 g′上方作视平线 h，使 h ∥ g′，间距设定为 6000 mm，保证该透视图的俯视效果。视平线 h 与垂线 v 相交于点 h′，且 Oh′=6000 mm。以点 O 为圆心，Oh′为半径作弧交实际画面线 p′于点 sp′。过点 sp′向右侧作水平线交 ss″的转向延伸线于点 s′，则点 s′即是该三点透视中的竖向视点。这样，该三点透视图中的平面视点 s、竖向视点 s′与视平线 h 就确定下来了。

图 3-52　灭点法绘制三点透视图

2. 寻求灭点

该三点透视图设计为平行视角，因此，在图面中只需确定底灭点 F_1 与顶灭点 F_2 即可。延长 ssp 交视平线 h 于点 F_2，点 F_2 即为该透视图中的顶灭点。通过点 O 向右下方延引竖向画面线 p'，交 s″ s' 于点 f″，以点 O 为圆心，Of″ 为半径作弧交垂线 v 于点 f'，再过点 f' 作水平线交 sF_2 于点 F_1，即点 F_1 为该透视图中的底灭点。顶灭点 F_2 位于视平线 h 上，纵向位置与视点 s 一致，而底灭点 F_1 则需要利用实际画面线 p' 来中转引出，这需要缜密思考才能正确求得。

3. 投射透视图

首先，分别连接平面图上的点 E、I、C 至视点 s，Es 交画面线 p 于点 E°，Is 交画面线 p 于点 I°，Cs 交画面线 p 于点 C°，过画面线上的点 A、E°、I°、B、C° 向上作垂线，与实际基线 g' 相交，分别得到交点 ag'、eg'、ig'、bg'、cg'，再将这 5 点与灭点 F_1 相连接，其连线即为该透视图中的纵向位置线。

然后，分别连接立面图上的点 J″、I″、C'、J'、I'、B'、B° 至竖向视点 s'，J″ s' 交 p' 于点 pj'，I″ s 交 p' 于点 pi'，C's' 交 p' 于点 pc，J's' 交 p' 于点 pj，I's' 交 p' 于点 pi，B's' 交 p' 于点 pb，B°s' 交 p' 于点 pb'。再以点 O 为圆心，Opj' 为半径作弧交 v 于点 vj'，其后以同样的方法在垂线 v 上得出点 vi'、vc、vj、vi、vb 和 vb'，其后过点 vb' 作水平线交 F_1ag' 于点 a'，交 F_1bg' 于点 b'，连接点 a' 与点 b' 即得出该设计对象底面前方边线 a'b'。以同样的方法过点 vb 作水平线交 F_1ag' 于点 a，交 F_1bg' 于点 b，过 vi 作水平线交 F_1eg' 于点 e，交 F_1ig' 于点 i，过点 vi' 作水平线交 F_1e 的延长线于点 e'，交 F_1i 的延长线于点 i。

接着，连接 F^2e'、F^2i'，同时过点 vj 作水平线交 F^2e' 于点 k'，交 F^2i' 于点 j'。连接 F_2b 与 F_2b'。同时，过点 vc 作水平线交 F_2b 于点 c，连接 F_1c 交 F_2b' 于点 c'，延长 vcc 交 F_2a 于点 d。过点 vj 作水平线交 F_2i 于点 j。经过上述绘制，该设计对象的全部可见角点都确定到位。

最后，根据形体结构相互连接即可得出该设计对象的三点透视图。

使用灭点法绘制三点透视图比较复杂，前期要做好准备工作，确定视点 s 并延伸至图稿竖向位置，利用 45° 斜线确定平面图与立面图之间的位置关系，设定并控制好竖向画面线的位置与角度，这些都直接影响透视图的最终效果。在制图后期，透视图中的高度位置线需要从竖向画面线 p' 上投射出来，注意理清各点的空间关系。而纵向位置线则可以按照一点透视或两点透视中的作图方法，从平面图中投射出来，当纵、横线相交即得出三点透视图中的主要角点。绘制三点透视图的基础仍是一点透视与两点透视，因此，需要时常巩固前面章节的相关内容。

3.4.2　距点法作三点透视图

距点法通过引用距点 M_3/m_3 能较便捷地绘制出透视图。

1. 绘制两点透视图

根据设计对象的形体特征采用距点法绘制出两点透视图，具体方法见前章节相关内容。其中，视点 s 的位置、视高尺寸、平面图旋转角度都要安排妥当，注意保留真高线与相关辅助线，为后期形成三点透视打好基础（见图 3-53）。

图 3-53　距点法绘制三点透视图步骤一

2. 寻求灭点与距点

绘好两点透视图后，可另起图稿，保留或沿用原稿中的视平线 h，基线 g 和灭点 f_1、f_2。过点 a′ 向上作垂线 a′f_3，使 a′f_3 = 16000 mm，点 f_3 的位置位于真高线上。一般而言，灭点 f_3 的高度与灭点 f_1、f_2 之间的距离相当即可。灭点 f_3 位置设定过高，透视效果不明显，设定过低，透视效果会失真。这种定制方法属于一种制图经验，并不十分精确。但是，这样可以大幅度简化三点透视的作图步骤，提高作图效率（见图 3-54）。

图 3-54　距点法绘制三点透视图步骤二

以 f_1f_2 为直径，过灭点 f_1 与 f_2 向视平线 g 上方作半圆弧。以 f_3a' 为直径，过灭点 f_3 与点 a' 向右侧作半圆弧。连接灭点 f_1 与 f_3，过灭点 f_2 作 f_1f_3 的垂线，垂足为点 n_2；连接灭点 f_2 与 f_3，过灭点 f_1 作 f_2f_3 的垂线，垂足为点 n_1。点 n_1 与点 n_2 必定位于横向半圆弧上。f_1n_1 与 f_2n_2 相交于点 s''，过点 s'' 向右侧作水平线 s'' s'，交纵向半圆弧于点 s'。以灭点 f_3 为圆心，f_3s' 为半径作弧交 f_3a' 于点 m_3，点 m_3 即为该三点透视图中的第三个距点。

3. 投射透视图

将刚才求得的灭点 f_3 与距点 m_3 抄绘或复制至已绘制完成的两点透视图中（见图 3-55）。

首先，分别将形体底面上的各角点与灭点 f_3 连接，得到 f_3d'、f_3a'、f_3b'、f_3k'、f_3e' 和 f_3i'，f_3a' 上的 Aa′ 为真高线。再分别连接 Km_3、Em_3、Im_3，其中 Km_3 交 f_3k' 于点 $k°$，Em_3 交 f_3e' 于点 $e°$，Im_3 交 f_3i' 于点 $i°$，则点 $k°$、$e°$、$i°$ 为该形体顶部 3 个可见角点。

然后，再求得底部形体上的角点，aa′ 在真高线上，根据图 3-51，aa′=1000 mm。连接 f_1a 交 f_3d' 于点 d，连接 f_2a 交 f_3b' 于点 b。分别连接 f_1b''、f_2d''，两线交点 c''。分别连接 f_1b、f_2d，两线交点 c，连接 ac''，则点 c 必在 ac'' 上，ac'' 与 f_3e' 相交于点 e。连接灭点 f_1 与点 e，使 f_1e 交 f_3k' 于点 k；连接灭点 f_2 与点 e，使 f_2e 交 f_3i' 于点 i。这样，底部几何形体的可见角点就全部求得。

最后，根据形体结构相互连接即可。

使用距点法绘制三点透视图，优势在于直观便捷，无需绘制倾斜的实际画面线，更不用延伸设计对象中繁琐的纵、横向位置线，只需求得距点 m_3，即可将使用距点法绘制的两点透视图改为三点透视图。当然，这种便捷方法一般只适用于对透视精度要求不高的手绘图。最终一切以灭点法为准。

图 3-55　距点法绘制三点透视图步骤三

3.4.3　案例分析：某建筑三点透视图绘制方法

为了强化对三点透视图的理解，这里再列举某建筑外观设计方案，详细讲解三点透视图的绘制方法。由于幅面有限，避免角点代号占据过大图面面积，故省略各构造角点的标识。

1. 分析空间关系

首先，根据设计要求绘制建筑外观的平面图、正立面图与侧立面图，这些图也可以从施工图中描绘或复制到图稿中来。简化原图的尺寸标注，只保留主要尺寸标注（见图 3-56）。为了获得适宜的观看视角，现将平面图旋转 50°，将平面上的视点 s 定在建筑前方，距离点 A° 26000 mm，过角点 B° 作画面线 p，在高处画面线 p 下方作低处画面线 p°，两线间距定为 17800 mm，这两条画面线连同建筑中各角点的引出平行线被中转斜线 x 引至图稿上方，投射出该建筑的侧立面图。

然后，过基线 g 与垂线 v 的交点 O 作斜线 p′f″，该斜线即为三点透视中的俯视倾斜画面线，p′f″ 与 v 之间夹角定为 21°，这样俯视效果会比较适宜，设定透视图中的视平线 h 高度为 50000 mm，这对于高度为 30000 mm 的建筑而言，能较好表现建筑全貌。

最后，以点 O 为圆心，Oh′ 为半径作弧交 p′f″ 于点 p′，过点 p′ 作水平线交 es′ 于点 s′，则点 s′ 即是立面图中的视点。再以点 O 为圆心，Of″ 为半径作弧交垂线 v 于点 f′，过点 f′ 作水平线交 sA° 于点 f₃，则点 f₃ 即是透视图中的第三个灭点（见图 3-57）。

图 3-56 建筑平面图与立面图

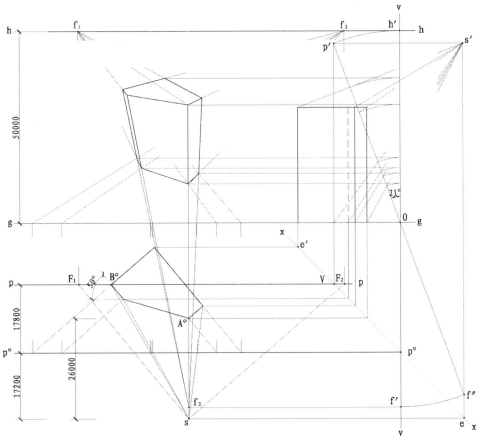

图 3-57 建筑三点透视图绘制步骤一

使用灭点法作三点透视图，关键在于建立好基础空间，包括平、立面图中的视点 s、视平线 h、画面线 p 等制图要素的位置，它们有的需要根据建筑特征和表现方式来设定，如视平线 h，视点 s 等，有的需要根据现有条件来引出，如立面上的视点 s′，灭点 f_3 等，一定要理清它们之间的逻辑关系。

2. 绘制构造

在图稿中建立好基础画面关系后，就可以将建筑上的角点投射出来，这主要分为两个部分，一部分从平面图中引出来，分别将平面图中各角点与视点 s 相连，其连线都与底画面线 p° 相交，将交点向上垂直引至基线 g 上，与基线 g 形成交点，再将这些交点与灭点 f_3 连接并继续向上延长，成为透视图中建筑结构的纵向位置线。另一部分从立面图中引出来，分别将立面图中各角点与竖向视点 s′ 相连，其连线都与斜画面线 p′f″ 相交。再以点 O 为圆心，点 O 至这些交点的连线为半径分别作弧线与竖向画面线 v 相交，过这些交点分别作水平线向左侧延伸，成为透视图中建筑结构的横向位置线。这样，纵、横两组线相交，其交点即为建筑透视图中的主要轮廓角点。最后，根据建筑结构连接这些角点即可完成三点透视图。

3. 添加填充装饰

当建筑的基本结构绘制成形后，须作全面检查，发现图线错误或视觉上的不良感受都要再次核对，纠正错误。这些可以将图稿描绘或复制至质地较好的图纸上，并为建筑添加窗户。

过建筑角点 A 作基线 g°，在建筑构造线 AB 左侧绘制垂线段 IL，交基线 g° 于点 l，垂线段 IL 即是 AB 的真高线，在 IL 上测量并标出各层窗户的高度位置点。连接点 L 与点 B 并延长交基线 g° 于点 N，再将点 N 分别与 Ll 上的窗户位置点相连，其诸多连线与 AB 形成交点。这样，各层窗户的高度位置就从真高线上投射到了 AB 上。连接建筑侧面的对角线 AC 与 BD，其交点 E 与灭点 f_3 相连，则 f_3E 即为侧面窗户的纵向边界线，最后将 AB 上的窗户位置点分别与灭点 f_2 相连，诸多连线与 f_3E 相交，建筑侧面窗户的透视形体就完成了。使用同样的方法将全部窗户绘制出来，这种方法称为量线法（见图 3-58）。

完成建筑形体中构造的三点透视图后，再运用两点透视法为建筑添加相关配景，如地面道路、广场、树木等，并作适当填充。

绘制三点透视特别复杂，灭点法是现今最权威的方法，为了提高制图效率，也有不少专家、学者提出其他便捷的方法，但是都建立在长期制图经验之上，初学者还是须从基础做起，规范到位且一丝不苟地练习，才能提高制图水平（见图 3-59、图 3-60）。

图 3-58 建筑三点透视图绘制步骤二

图 3-59 建筑三点透视图一

图 3-60 建筑三点透视图二

3.5 曲面体透视

在现代室内外设计制图中，曲面造型越来越多，它与直线造型相互配合，能使设计对象更加新颖独特。曲面体透视图的绘制比较繁琐，但是严谨的透视结构能让图面效果更加完美。本节详细讲述圆、圆柱、圆锥、圆球的透视绘制方法，并附有两个实例，能让初学者深入领会曲面体的透视原则与绘制方法。

3.5.1 圆的透视

圆是一种二维图形，一般作为形体结构的组成部分出现在透视图中，根据它与画面 P 之间的关系，可以分为平行于画面的圆和不平行于画面的圆。

1. 平行于画面的圆

当圆的平面与画面 P 平行时，其透视仍是一个圆，只是圆与视点 s 的距离不同会导致经透视后圆的半径不同，即圆的大小不同。近处的圆大，远处的圆小，这也是透视图中的普遍规律。

现在作与视点 s 距离不同的 3 个圆 (见图 3-61)，圆 O、O_1、O_2 的直径相等，它们的圆心连线垂直于画面线 p，其中圆 O 与画面线 p 重合，$OO_1 = 3000$ mm，$O_1O_2 = 3000$ mm。设定视点 s 于画面线下方 7000 mm 处，向左侧偏移 4000 mm，在平面图下方任意空白区域绘制视平线 h，灭点 s' 位于视平线 h 上。

首先，连接 sO_2 交画面线 p 于点 O_2p，将点 O_2p 垂直向下引至视平线 h 上，交视平线 h 于点 o_2，即得出圆 o_2 在透视图中的圆心 o_2。

然后，再将视点 s 与圆 O_2 的直径边缘点 C 相连，使 sC 交画面线 p 于点 cp，将点 cp 垂直向下引至视平线 h 上，交视平线 h 于点 c，则 o_2c 即为透视图中圆 o_2 的半径，以点 o_2 为圆心，o_2c 为半径作图即得出圆 O_2 的透视图 o_2。采用同样的方法绘制出圆 o_1。

图 3-61　平行于画面的圆的透视

最后，圆 o 可以直接由平面图投射下来。圆 o、o_1、o_2 即为圆 O、O_1、O_2 的透视图，这 3 个圆在透视图中的位置关系很有规律，这与它们在平面图中的间距相等有关。绘制出平行于画面线 p 的圆比较简单，但是在实际制图中切不能轻视，它是曲面体透视的基础。

2. 不平行于画面的圆

当圆所在平面不平行于画面线 p 时，其透视一般为具有透视性质的椭圆，尤其是处于不同位置的水平圆与铅垂圆，它们的透视形态各不相同。在透视图中绘制不平行画面的圆，一般采用圆的外切正方形 4 边的中点 (切点) 与正方形对角线与圆周的 4 个交点来求得，这种制图方法称为八点法。圆心与外切正方形对角线交点一致，圆周与外切正方形各边中点相交，同时也与该正方形对角线相交，连接交点后即得圆的内接正方形。八点法是比较科学且比较严谨的制图方法。透视图中的圆有长轴与短轴，透视正方形外切于圆，短轴通过透视圆的中心，同时也是透视正方形的中心。短轴是与圆弧正交的最短直径，长轴通过透视椭圆中心，但不通过透视正方形的中心，它是垂直于短轴的最长直径 (见图 3-62)。

现在采用八点法分别绘制水平圆与铅垂圆的透视图 (见图 3-63)。

(1) 水平圆的绘制方法

首先，作圆 O 的水平透视图，绘制圆 O 的平面图并增加该圆的外切正方形 ABCD，连接正方形对角线 AC、BD，分别交圆 O 于点 A°、B°、C°、D°，再分别纵向和横向连接这 4 点，得出圆 O 内接正方形 A°B°C°D°，并延长该正方形的边交外切正方形。过圆心 O 作水平线交外切正方形于点 E、F，作铅垂线交外切正方形于点 I、J。过 AB 作画面线 p，且画面线 p 与 AB 重合，将视点 s 设定在画面线下方 10000 mm 处并偏圆心 O 左侧 1000 mm。这样，基本制图环境就创建好了。

图 3-62　不平行于画面的圆的透视

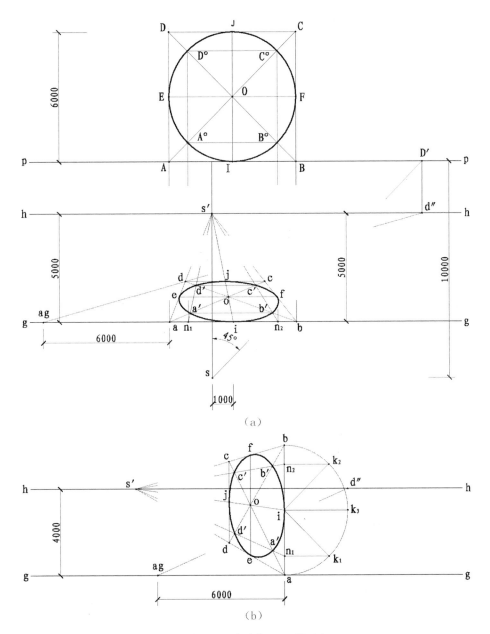

(a)

(b)

图 3-63　八点法作圆的透视图

然后，在画面线 p 下方任意空白区域绘制基线 g 与视平线 h，两线间距为 5000 mm。过视点 s 向视平线 h 上作垂线，交视平线 h 于点 s′，点 s′ 即是透视图中的灭点。采用前章节中关于距点法绘制一点透视图的方式，在视平线 h 上求得距点 D。

接着，将点 A、I、B 分别向下引垂线至基线 g 上，交基线 g 于点 a、i、b，连接 as′ 交 agd″ 于点 d，过点 d 作水平线交 bs′ 于点 c，则点 a、b、c、d 即是外切正方形在透视图中的 4 个角点。再将 D°A°、C°B° 分别向下延伸至基线 g 上，交基线 g 于点 n₁、n₂，连接 n₁s′、n₂s′，交 ac 于点 a′、c′，交 bd 于点 b′、d′，这 4 点即是内接正方形在透视图中的 4 个角点。过点 o 作水平线 ef 交 ad 于点 e，交 bc 于点 f，连接 is′ 交 cd 于点 j。这样，透视圆中的点 a′、b′、c′、d′ 与点 e、i、f、j 共 8 点全部求得。

最后，使用平滑曲线按圆周顺序连接这 8 个点即得不平行于画面的圆的透视图 [见图 3-63(a)]。

(2) 铅垂圆的绘制方法

采取上述方法也可以绘制出铅垂圆的透视图，当然也可以简化绘制，省略圆的平面图。

首先，采用距点法绘制圆的外切正方形 abcd。连接对角线 ac、bd 交于点 o，连接 os′ 交 cd 于点 j，反向延长 os′ 交 ab 于点 i。接着过点 o 作垂线交 cb 于点 f，交 ad 于点 e。

然后，以点 i 为圆心，真高线 ab 为直径绘制半圆弧，过点 i 作该半圆弧的半径交半圆弧于点 k₃，再以 ik₃ 为参照，分别作 +45° 半径和 −45° 半径分别交半圆弧于点 k₁、k₂，分别过点 k₁、k₂ 作水平线交真高线 ab 于点 n₁、n₂。

最后，连接 n₁s′ 交 ac 于点 a′，交 bd 于点 d′，连接 n₂s′ 交 bd 于点 b′，交 ac 于点 c′。这样，透视圆中的点 a′、b′、c′、d′ 与点 e、i、f、j 共 8 点全部求得。使用平滑曲线按圆周顺序连接这 8 个点即得不平行于画面的圆的透视图 [见图 3-63(b)]。

使用八点法绘制透视图难度不大，只需注意圆的外切正方形与内接正方形的定位，然后将其主要角点投射至透视图中即可按常规透视方法绘制出圆的透视图。平时需对平滑曲线多作练习，尺寸较小的圆可直接徒手绘制，尺寸较大的圆需要曲线板来拼接绘制，切不可过于草率，要保证图面效果。

3.5.2 圆柱的透视

圆柱的首、尾两个面均为圆，绘制方法与圆的透视相当。

首先，根据设计要求绘制圆柱的立面图与平面图并标注尺寸 [见图 3-64(a)]，将平面图抄绘或复制至图稿中并创建制图环境。

然后，根据形体尺寸分别绘制圆柱首、尾两个圆面上的外切正方形与内接正方形。

最后，根据八点法分别连接各角点。

图 3-64(b) 为圆柱一点透视图，灭点 s′ 位于圆柱垂直轴线上，图 3-64(c) 中灭点 s′ 位于圆柱垂直轴线左侧 1000 mm 处，这都是通过距点法来绘制圆的透视图，只是图 3-64(c)

中省略了原始平面图，采用半圆弧来引出圆内接正方形的角点。这两种视角的透视图区别就在于八点法中 8 个点的位置关系有所不同。

（a）　　　　　　　　　（b）　　　　　　　　　（c）

图 3-64　圆柱透视图的画法

圆柱透视实际上就是立方体透视的一种深化，能得出立方体透视图即不难得出圆柱体的透视图。

3.5.3　圆锥的透视

圆锥透视图与圆柱透视图的绘制方法一致，只不过需要求得圆锥的透视高度。

首先，根据设计要求绘制圆锥的立面图与平面图并标注尺寸 [见图 3-65(a)]，将平面图抄绘或复制至图稿中并创建制图环境。

然后，根据形体尺寸绘制圆锥底面圆上的外切正方形与内接正方形，根据八点法分别连接各角点就完成了圆锥底面上圆的透视图。

确定圆锥顶点的透视位置有灭点法与距点法两种方式，灭点法是将圆锥当作立方体来绘制，既要画出底面圆的外切正方形，还要相应引出顶点上的正方形，正方形对角线交点 s′ 即为圆锥的顶点。距点法相对简便 [见图 3-65(b)]，先求得距点 d，然后在底面外切正方形左侧向上垂直作圆锥的真高线 nng，且 nng=6000 mm，连接 nd，交圆锥纵向中轴线 os° 于点 s°，则点 s° 即为圆锥的顶点。

最后，过点 s° 作透视圆的切线，即得出圆锥的腰线，从而完成圆锥的透视图。

190

（a）　　　　　　　　　　　　　　　　　（b）

图 3-65　圆锥透视图的画法

3.5.4　圆球的透视

当圆从二维平面沿着轴发生旋转就形成了圆球，在室内外制图中，圆球的透视形体并不多见，但是仍需了解其透视原理。过视点 s 作视线与球相切，构成一个切于球面的视锥面，视锥面与画面 P 的截交线，即为球的透视，圆球的透视在多数情况下为椭圆 (见图 3-66)。

当球心 O 与视点 s 的连线垂直于画面时，球的透视是一个圆，现在采用一点透视绘制球的透视图 [见图 3-66(a)]。

首先，绘制球的平面图，设定视点 s 与画面线 p 的位置，圆球边缘与画面线 p 之间的距离为 1500 mm，视点 s 与画面线 p 之间的距离为 5000 mm。

然后，连接 sO 垂直于画面线 p 于点 sp，sA、sB 切于球的平面圆，即赤道圆的投影。因此，AB 弦平行于画面线，视锥面与球的切线是平行于画面的圆 T，AB 是圆 T 的基面投影，所以球的透视也是圆 T 的透视，它仍是一个圆。由于球心 O 与视点 s 的连线 sO 垂直于画面，所以在透视图中的圆心 o 即为该透视图的灭点 s′。圆的直径 ab 与 apbp 相等。

最后，以 o = s′ 为圆心，ab 为直径作圆，即为球的透视。

当球心 O 和视点 s 等高，视点 s 和球心 O 连线倾斜于画面时，球的透视为一椭圆，此椭圆的长轴位于视平线上 [见图 3-66(b)]。过平面图中视点 s 作赤道圆 (球的基面投影)

的切线。sA、sB 即为切于球的视锥的投影，AB 为圆 O 的基面投影 T，球的透视就是倾斜于画面的圆 T 的透视，也就是视锥与画面的截交线椭圆。因视线 sA、sB 是水平的，所以 AB 的透视 ab 位于视平线 h 上，ab 为椭圆长轴，长轴长度 ab = apbp。过 apbp 中心点 cp(dp) 作直线垂直于 sO，并与 sA、sB 分别交点 a′、b′，a′b′ 线段就是视锥面上垂直于视锥轴线 sO 的基面投影。以 a′b′ 为直径作半圆，线段 a′b′ 的垂直线与半圆交于点 e，cp(dp)e = l，l 即为透视椭圆的短轴长度的 1/2，即 cd = 2l。最后，可以根据已经确定的长、短轴的长度，采用八点法作出圆球的透视图。

　　绘制以圆球为主体造型的透视图，可以参照上述方法。平时要多加练习，如果圆球的形体只是整体透视图的补充，也可以先绘制圆球的水平圆和铅垂圆，根据两圆交错的形态，凭借经验徒手绘制圆球的透视轮廓。

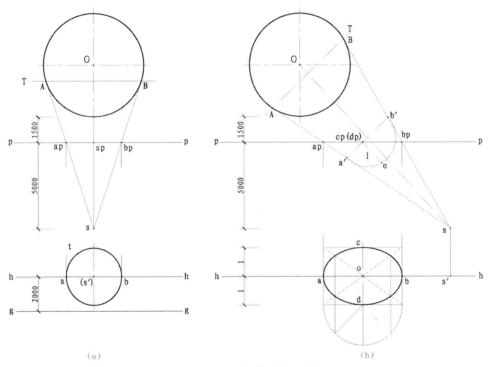

（a）　　　　　　　　　　　　　　　（b）

图 3-66　圆球透视图的画法

3.5.5　案例分析：曲面体透视图绘制方法

　　为了强化对曲面体透视图的理解，这里再列举两项设计方案，详细讲解曲面体透视图的实践绘制方法，由于幅面有限，避免角点代号占据过大图面面积，故省略各构造角点的标识。

1.圆形鱼池一点透视图

　　首先，根据设计要求绘制出圆形鱼池的平面图与立面图（见图 3-67），这些图也可以从施工图中描绘或复制到图稿中来。简化原图的尺寸标注，只保留即将绘制的尺寸，如鱼池中不同圆形的直径和整体构造的长、宽尺寸。由于该鱼池平层面积较大，高度较低，要绘制出上表面的纵深空间，选用一点透视比较适宜，且两侧完全对称，视平线可以定为 1200 mm，能形成稳重的视觉感受。画面线 p 定在圆形平台底部的边缘上，视点 s 距画面线 p 为 3000 mm。根据视点 s 的位置投射出距点 D，运用距点法来作该鱼池的一点透视图 [见图 3-68(a)]。

然后，在透视图中，先绘制地台的透视圆，用于确定位置。再从高到低分别绘制鱼池的台面、池体边缘等 4 个透视圆的外切正方形 [见图 3-68(a)、图 3-68(b)]，这 4 个透视正方形都位于不同的高度上，需要运用真高线测量求得，根据标高绘制出不同高度上的正方形透视图。

图 3-67　鱼池平面图与立面图

接着，采用八点法在这些正方形透视图中的角点，用平滑曲线将这些角点按顺序连接起来。鱼池基本轮廓的透视图就绘制完成了 [见图 3-68(d)]。

（a）　（b）　（c）　（d）

图 3-68　鱼池透视图绘制步骤一

最后，可以根据需要添加地板、地砖的铺设形态，并做适宜装饰填充，让图面形式呈现清晰的黑、灰、白关系，甚至可以渲染着色，提升透视图的品质 (见图 3-69)。在对称的圆形一点透视图中，难点就在于控制好平滑曲线的曲度。为了保证图面效果，可以先绘制中轴 ss' 左侧半圆弧，因为大多数人都是右手执笔，从左向右绘图比较顺手，圆弧的平滑效果相对较好，再运用硫酸纸将左侧平滑曲线镜像到右侧来，这样对称效果较好，也便于检查是否存在误差。

图 3-69 鱼池透视图绘制步骤二

2. 圆拱形汽车站一点透视图

首先，根据设计要求绘制出圆拱形汽车站的平面图、正立面图与侧立面图 (见图 3-70)，这些图也可以从施工图中描绘或复制到图稿中来。简化原图的尺寸标注，只保留即将绘制的尺寸，如汽车站中圆拱顶棚的半径和整体构造的长、宽尺寸。由于该汽车站的横向尺度较大，要着重表现出圆拱顶棚的形态，选用两点透视比较适宜，将平面图旋转 30°，视平线高度可定为 1200 mm，形成较真实的视觉感受。画面线 p 穿过平面图前方角点 A，视点 s 设在点 A 的正下方 10000 mm 处，且 sA 垂直于画面线 p。

图 3-70 汽车站平面图与立面图

然后，运用灭点法来作该汽车站的两点透视图 (见图 3-71)。汽车站左右两端的圆拱形需要运用八点法来绘制，在正方形透视的基础上，确定用于绘图的 8 个点，使用平滑曲线连接时要完整，将整圆描绘出来后再根据实际形态截取有效弧，除了左右两端的圆拱形，还要绘制门洞和站牌。注意透视图中的圆弧彼此间的形态并不相同，除了有大小区别，弧度与形态上都有区别，绘制第二个圆弧时不能继续沿用第一个圆弧的弧度特征（见图 3-72）。在手绘图中，要先画圆弧，再画直线，使直线顺应圆弧，保证圆弧形的完整性。

图 3-71　汽车站透视图绘制步骤一

图 3-72　汽车站透视图绘制步骤二

最后，可以根据需要添加站台、道路、树木、行人等配景，并做适当装饰填充，让图面形成清晰的黑、灰、白关系，甚至可以渲染着色，提升透视图的品质（见图 3-73）。

绘制曲面体透视图切不可急于求成，需要按部就班画好基础透视形体，找准直线形透视构造才能使曲面体透视显得严谨（见图 3-74、图 3-75）。

图 3-73　汽车站透视图绘制步骤三

图 3-74　曲面体景观透视图

图 3-75　曲面体建筑透视图

3.6　倒影与虚像

在日常生活中，我们常看到平静的水面或光滑的地砖上呈现出对称于水平面的图像。如果在环境空间中挂有镜子，则在镜子里又可以看到物体的形象。水面、镜子等反射媒介统称为反射平面 R，当反射平面 R 为水平时，将物体对称于反射平面 R 的图像称为倒影；当反射平面 R 为非水平的镜面时，镜子里的图像称为虚像。倒影与虚像的成像原理相同，它们都属于物理学中光的镜面成像原理，物体在平面镜中的形象与物体自身大小相等，相互对称。对称点的连线垂直于对称面，如水面、地面、镜面等，且对称点到对称面的距离相等。

在室内外透视制图中，绘制设计对象的倒影与虚像，实际上就是绘制该设计对象对称于反射平面 R 的对称图形的透视。

3.6.1　倒影

1. 倒影的原理

空间中的构造轮廓点与其在水中倒影的连线是一条垂直于水平面的铅垂线(见图 3-76)。当画面是铅垂面时，构造轮廓点与其倒影对水面的垂足的距离在透视图中保持相等。

构造轮廓点与其倒影的连线是一条铅垂线，并平行于画面。

当人站在水岸边观看岸对侧的设计构造时，既能看到构造轮廓点 A 与点 B，又能看到它在水中的倒影点 A° 与点 B°。连接视点 S 与倒影点 A°，则 SA° 与水平面交于点 O，过点 O 作垂线 V，则垂线 V 就是水平面的法线。AO 为入射线，AO 与法线 V 的夹角为入射角 α_1；SO 为反射线，SO 与法线 V 的夹角为反射角 α_2，且 $\angle\alpha_1 = \angle\alpha_2$，Aa ＝ A°a。相应的其他构造轮廓点也对应呈现，如点 B 与点 B°，Bb ＝ B°b。可见设计对象中的构造轮廓点都能在水平面中找到倒影，它们之间的关系是都以水平面为对称面。

图 3-76　水中倒影原理

2. 倒影的绘制方法

现已经运用一点透视绘制了 3 个立方体为设计对象，设基线 g 为倒影水平面，即基线 g 以上为实际构造，基线 g 以下为倒影 (见图 3-77)。

首先，测量 Aa、Bb、Kk、Ll 的实际长度，分别过点 a、b、k、l 向下绘制垂线，使 A°a ＝ Aa，B°b ＝ Bb，K°k ＝ Kk，L°l ＝ Ll，连接点 A° 与点 B°，连接点 K° 与点 L°，连接点 B° 与灭点 s′，使 B°s 交 Cc 的延长线于点 C°，连接点 K° 与灭点 s′，使 K°s′ 交 Jj 的延长线于点 J°，则得出左右两个垂直立方体在基线 g 以下的倒影轮廓。

然后，延长 ED 交 Bb 于点 m，延长 s′d 交 Bb 于点 n，测量 mn、nb 的实际长度，在 B°b 上标绘出点 m° 与点 n°，连接 n°s′ 交 Dd 延长线于点 d°，连接 m°s′ 交 Dd 延长线于点 D°，延长 Ec 交 n°s′ 于点 e°。这样就得出了中央横向立方体左侧的倒影轮廓点。

接着，分别过点 D°、d° 向右侧作水平线交 Ii 的延长线于点 I°、i°，过点 e° 向右侧作水平线交 Jj 的延长线于点 f°。

最后，连接经过上述绘制所得到的轮廓点，即得出该设计对象在基线 g 以下的倒影轮廓形体。

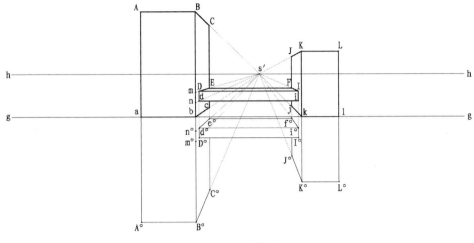

图 3-77　倒影透视图

3.6.2　案例分析：水岸边建筑小品的倒影绘制方法

首先，分析设计对象，这个小品构造设立在水岸台阶上，根据上述倒影成像原理，这个台阶的厚度也需要计入绘制尺度。分别延长 da、ea 至水岸台阶上交于点 J 与点 I，分别过点 J 与点 I 向下作垂线至水面，得到交点 j 与交点 i。分别连接 jf_1、if_2，使 jf_1 与 if_2 相交于点 o，则点 o 必定在 Aa 的延长线上 (见图 3-78)。

图 3-78　倒影透视图绘制步骤一

然后，绘制 Ao 的延长线至点 A°，测量并得出 Ao ＝ A°o，即 A°o 为 Ao 在水中的倒影，采用相同的方法得出点 B°、C°、D°、E°、G°，从而得出建筑小品在水中的倒影轮廓点。求得点 o 是标绘倒影轮廓点的前提，点 o 位于真实的水面线中，在绘制侧影时一定要排除水岸台阶的干扰，准确标绘侧影轮廓点，所得到的轮廓点也可以通过连接灭点 f_1 与 f_2 来检验。

最后，以同样的方法绘制出装饰细节与周边环境 (见图 3-79)。一切物像都要以透视中的水平面为反射基面，最终形成倒影的灭点与实际物像相同。一般而言，倒影的高度要比实际物像短，短出的那段倒影其实是被水岸构造 (如台阶) 的高度或宽度所遮挡，且最终灭点相同。

图 3-79　倒影透视图绘制步骤二

3.6.3　虚像

1. 虚像的原理

由于虚像形成于非水平面上，一般称反射面为镜面。虚像有以下 4 种形式。

(1) 镜面既垂直于画面又垂直于地面　根据光的镜面成像原理 (见图 3-80)，铅垂线 Aa 在镜面 R 中的虚像 A°a°，可过 a 作平行于画面的直线 (平行于视平线 h)，与镜面 R 和基面 G 的交线 ng′ 交于 a_1，过 a_1 作铅垂线，此铅垂线为镜面上的对称轴线，在 aa_1 的延长上测量截取 $aa_1 = a_1a°$，得出点 a°，最后，过 a° 向上作铅垂线，使 a°A° ＝ Aa。Aaa°A° 为矩形，由于镜面 R 垂直于画面，Aaa°A° 又垂直于镜面 R，所以矩形平面 Aaa°A° 平行于画面，在透视图中仍为矩形，即 AA° ∥ aa° ∥ 视平线 h。

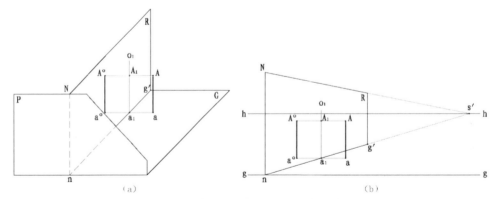

图 3-80　镜面既垂直于画面又垂直于地面

(2) 镜面倾斜于地面而垂直于画面　镜面 R 垂直于画面 (见图 3-81)，倾斜于地面，倾角为 θ，现求铅垂线 Aa 在镜面 R 中的虚像 A°a°。由于过铅垂线 Aa 和虚像的平面仍平行于画面，故 A 与 A° 到对称轴的距离相等，并在透视图中保持不变。现过 a 作水平线，与镜面和基面交线 ng′ 交于点 ag，过点 ag 作与 aga 成 θ 角的直线 agB，即为镜面上的对称

轴。延长 aA，与对称轴交于点 B，aA 与 agB 夹角为 β 角，再过 B 点在对称轴的另一侧作
与 agB 夹角为 β 的直线，过 a 作直线垂直于 agB 轴，且与 agB 交于点 a_1，取 $aa_1 = a°a_1$。
过 A 作直线垂直于 agB，与 agB 交于 A_1，取 $AA_1 = A_1A°$，得 A°。因此，即得 Aa 的虚像
A°a°。由于 △ Baa° 平行于画面 P，△ Baa° 与镜面 R 的交线 agB，必平行于 R 面在画面上
的迹线 Nn(两平行平面与第三平面相交，交线必互相平行)。平行于画面的平面在透视图
中与原形相似，故反映 θ 、β 角的实形。在透视图中 $A_1A = A_1A°$，$a_1a = a_1a°$。

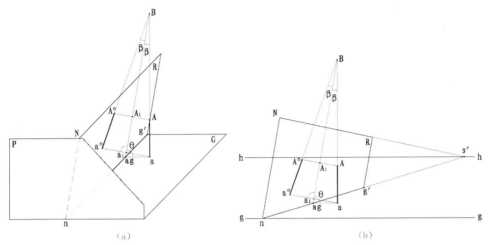

图 3-81　镜面倾斜于地面而垂直于画面

(3) 镜面平行于画面　镜面 R 平行于画面 (见图 3-82)，这样，空间直线 Aa 与虚像
A°a° 组成的平面，垂直于画面，而且 AA°、aa° 都灭于点 s'。但在透视中，aa_1 不等于 $a_1a°$
了。现利用矩形的透视特性，连接点 s' 与点 a，s'a 与镜面和地面的交线交于点 a_1，过点
a_1 作铅垂轴线，即为对称轴 a_1o_1。连点 A 与点 s'，As' 与 a_1o_1 交于点 A_1，取 a_1A_1 中点 o°，
连点 A 与点 o°，延长 Ao° 与 s'a 交于点 a°，过点 a° 作铅垂线，与 s'A 交于点 A°，A°a 即
为所求的虚像。

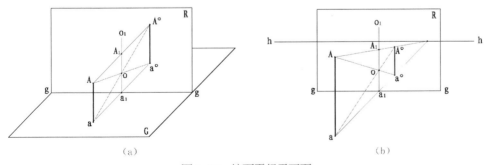

图 3-82　镜面平行于画面

(4) 镜面倾斜于画面而垂直于地面　镜面 R 为铅垂面 (见图 3-83)，其上下边为水平线，
灭点在视平线上，铅垂线 Aa 与其虚像 A°a° 组成的平面垂直于镜面，但倾斜于画面，AA°
与 aa° 的灭点也在视平线上，镜面上的对称轴线 a_1o_1 为铅垂线。在透视图中镜面上下边的

灭点是 F_2，$AA°$、$aa°$ 的灭点是 F_1。根据矩形对角线交点仍然为透视矩形对象线交点的特性求作 $A°a°$，即连灭点 F_1 与点 a，F_1a 与镜面和地面交线 ng′ 交于点 a_1，过点 a_1 作铅垂线，与 F_1A 相交于点 A_1，取 A_1a_1 的中点 o，连点 A 与点 o，Ao 与 aa_1 延长线交于点 $a°$，过点 $a°$ 作垂线与 F_1A 相交于点 $A°$，$A°a°$ 即为铅垂线 Aa 的虚像。

图 3-83　镜面倾斜于画面而垂直于地面

2. 虚像的绘制方法

现已经运用一点透视绘制了一个室内空间，其中左侧墙面 R 为垂直状态，右侧墙面 R′ 为向内倾斜 20°，空间中央放置大小两个立方体，现在根据实际物体分别在左、右墙面上绘制出虚像透视图 (见图 3-84)。

图 3-84　虚像透视图

首先，分别过小立方体的底边角点 a、b 向左侧墙根线作水平线，得到交点 g 与交点 i，并继续延长至点 $a°$ 与点 $b°$，经过测量使 ag = $a°g$，bi = $b°i$，再分别过 $a°$ 与点 $b°$ 向上作垂线，经过测量标绘 $a°A°$ = aA，$b°B°$ = bB，连接点 $A°$ 与点 $B°$，连接点 $a°$ 与点 $b°$，且 $A°B°$ 与 $a°b°$ 都必定能灭于点 s′，则左侧小立方体在墙面 R 中的虚像即绘制完成。

　　然后，过大立方体的底边角点 d 向右侧墙根线作水平线，得到交点 j，过点 j 向上作 20° 斜线交墙顶线于点 j′，则 jj′ 即为墙面 R′ 上的镜像轴线。分别过点 d 与点 D 向 jj′ 作垂线，交 jj′ 于点 j_1 与点 j_2，并分别延长 dj_1 与 Dj_2 至点 d° 与点 e°，经过测量使 dj_1 = d°j_1，Dj_2 = D°j_2。采用同样的方法可以得出点 e°、E°、F°、c°。

　　最后，根据结构连接各求得的轮廓点，即得出右侧大立方体在墙面 R′ 中的虚像，其中，C°F°、D°E°、d°e° 的延长线必定灭于点 s′。

3.6.4　案例分析：公园景观小品的虚像绘制方法

　　首先，分析设计对象，这个小品为两点透视，休闲座凳位于玻璃装饰墙旁的地台上，需要在玻璃装饰墙上绘制休闲座凳与地台的虚像（见图 3-85）。由于原图采用的是距点法来绘制，保留了距点 m_1 与 m_2，因此可以继续沿用距点来绘制虚像。

图 3-85　虚像透视图绘制步骤一

　　然后，连接距点 m_2 与点 I，点 I 是地台于镜面墙的底边交点，m_2I 延长后交基线 g 于点 i，测量 Ai 并标绘出点 a°，使 Ai = a°i，连接距点 m_2 与点 a°，使 m_2a° 交 AI 的延长线于点 A°，则点 A° 即为地台上点 A 在镜面中的虚像轮廓点，由此可以绘制出地台的虚像。以同样的方法，将距点 m_2 与实物中的点 B、C、D、E、F 相连，投射至基线 g 上，测量得出点 b°、c°、d°、e°，从而得出虚像中的轮廓点 B°、C°、D°、E°，这样就确定了虚像中休闲座凳在地台上的位置，这些轮廓点最终仍与灭点 f_1、f_2 相连，可以描绘出整个虚像轮廓（见图 3-86）。

图 3-86　虚像透视图绘制步骤二

　　最后，根据图面表现需要，在玻璃装饰墙上绘制出地面铺装的虚像轮廓，并对墙面作

必要装饰点缀 (见图 3-87)。

图 3-87　虚像透视图绘制步骤三

倒影与虚像的原理相同，但实际应用却常将其分开，认为它们是两个概念。其实在绘制时只需注意两个要点：其一是找准对称面的位置，排除遮挡物的干扰；其二是倒影与虚像的灭点仍为实物的灭点，不会由此产生其他灭点。此外，平时多做倒影与虚像的练习，辨清它们与实物之间的逻辑关系，即能轻松完成绘制图稿 (见图 3-88、图 3-89)。

图 3-88　室内场景透视虚像　　　　　　　图 3-89　室外场景透视虚像

3.7　快速透视技法

前面章节关于透视制图的方法已经讲述得比较详细了，总结起来主要分为灭点法与距点法两大类，这两种方法的绘制原理非常科学，有效解决各类制图问题，能满足绝大多数室内外设计，但是灭点法与距点法的绘制效率较低，需要绘制大量辅助线，要求绘图者保持清晰的逻辑思维。下面介绍几种快速透视技法供实践参考，以提高绘图效率。

3.7.1　视平线比例法

在室内外设计制图中，大多数情况下都是为了绘制单一室内外空间，用于表现住宅、店铺、办公室、餐厅、户外景观中某一局部空间，这类空间的形体结构比较独立，长、宽比一般为 3 ∶ 2 或 4 ∶ 3 左右。很多绘图者在长期制图实践中总结出一系列规律用于快速起稿定位。视平线比例法就是其中一种。

绘制一点透视时可以先绘制视平线 h、灭点 s′ 与基线 g，视平线 h 与基线 g 之间距离即为视高。在基线 g 上测量确定空间的宽度 K 并垂直测量确定空间的高度 Aa，即 Aa 为空间的真高线（见图 3-90）。在灭点 s′ 任意一侧确定距点 D，使 K ＞ Ds′ ＞ 1/2K。Ds′ 的长度越大，则视距就越远，空间纵深 L 就越小（不明显）；Ds′ 的长度越小，则视距就越近，空间纵深 L 就越大（很明显）。然后连接距点 D 与对侧角点 b，Db 交 as′ 于点 d，则点 d 为空间的纵深角点，过点 d 作水平线和垂线即可得出整个空间的轮廓形体。

图 3-90　一点透视视平线比例法

绘制两点透视图时可以先绘制视平线 h、灭点 f_1、灭点 f_2 与基线 g，视平线 h 与基线 g 之间的距离即为视高（见图 3-91）。然后在视平线 h 上测量确定灭点 f_1 与 f_2，f_1f_2 ≈ 3Aa ～ 4Aa，即两灭点的间距为 3 ～ 4 倍真高线的长度，且真高线定在 f_1f_2 中约 6 ∶ 4 的位置，即 L ∶ R ≈ 6 ∶ 4。一般而言，6 为长边 AD 方向，4 为短边 AB 方向。接着将真高线上的点 A 与点 a 分别连接灭点 f_1、f_2，在长边 Af_1 与 af_1 上测量标绘 Dd 使 AD ≈ 1/3Af_1，ac ≈ 1/3af_1。运用同样的方法在短边 Af_2 与 af_2 上测量标绘 Bb，使 AB ≈ 1/3Af_2，ab ≈ 1/3af_2。最后，将点 B、b、D、d 分别连接灭点 f_1、f_2，得到交点 C 与点 c，即完成整个空间的轮廓形体。

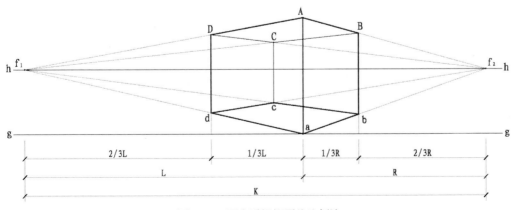

图 3-91　两点透视视平线比例法

视平线比例法仅用于快速创建透视空间，而且是比较标准的矩形空间，至于内部细节还需通过真高线与矩点来获取。这种方法可以省略平面图、立面图而直接进入透视图，但是这种方法不具备科学性，只是经验规律的总结。

3.7.2 网格定位法

当设计对象的平面形态比较复杂时，或者空间中需要绘制的构造比较多时，可以采用网格定位法来确定设计对象的具体位置。这种方法虽然需绘制很多纵、横向透视引线，但是在绘制过程中无需经过太多思考，绘制过程简单、机械，也有其可取之处。

在一点透视图中，可以先采用距点法确定基本空间构造，再根据具体情况在基线 g 与真高线上测量标绘网格点 (见图 3-92)。这里用于表现其卧室空间，设定每个网格的间距为 200 mm，卧室宽度 ab = 3600 mm，分为 18 格。深度 ad 由点 dg 根据距点法投射出来，即 adg = 4200 mm，分为 21 格。高度 Aa = 2800 mm，分为 14 格。然后将网格标绘点分别连接灭点 s'，这样就可以在网格空间中边计格数边绘制设计对象了。为了方便观察，可以在纵、横向上标注数字，以便随时核对 (见图 3-93)。

图 3-92　一点透视网格定位法绘制步骤一

图 3-93　一点透视网格定位法制步骤二

　　两点透视图中采用网格法与一点透视相似，真高线 AA′ 确定后仍需向灭点 f_1 与灭点 f_2 投射，只不过室外场景可以根据需要来取定高度数字 (见图 3–94、图 3–95)。

　　网格定位法能机械、方便地创建透视空间，绘制速度不一定很快，但是不易出错，也无需绘制平面图，总体而言，相对简便些，适用于表现对细节要求不高的室外景观或建筑鸟瞰透视图。

图 3–94　两点透视网格定位法绘制步骤一

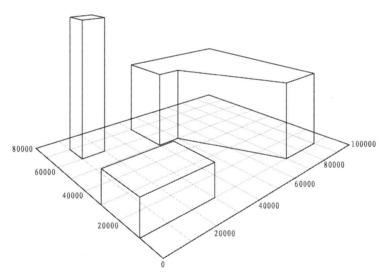

图 3–95　两点透视网格定位法绘制步骤二

3.7.3　直线等分法

　　在透视图绘制中，很多地方都需要对纵深空间作线段等分处理，在这些线段上不能直接测量标绘，就需要通过其他等分线段来投射中转。根据平面几何原理，运用一组平行线可以将任意两条直线分割成比例相等的线段 (见图 3–96)。在透视制图中，当直线 As′ 不平行于画面时，直线上各线段长度就会发生变形，与实际分段产生了差异 (见图 3–97)。可以先在基线 g 上从点 A 开始向右侧测量标绘出等大线段，使 Ab = bc = cd = de = ef，再将点 b、c、d、e、f 分别连接距点 M，各连线在 As′ 上就形成了交点 B、C、D、E、F，这些所得到的交点即将 As′ 划分为具有透视效果的等分线段。

图 3-96 线段的分割

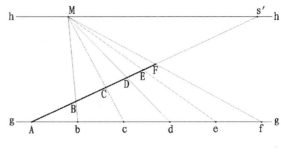

图 3-97 直线等分透视

3.7.4 透视图缩放法

当透视图需要根据实际情况作缩放或重复绘制某一局部构造时，可以采用缩放法来绘制。

1. 透视形体等分缩放

现在已经根据透视原理绘制出垂直透视矩形 AabB(见图 3-98)，需要将其等分放大 3 倍，可以先将 Aa 的中点 O_1 与灭点连接，其连线交 Bb 于点 O_2，连接 aO_2 并延长交 AB 的延长线于点 c，过点 c 向下作垂线交 ab 的延长线于点 c，则面域 AacC 就是原有矩形 AabB 的 2 倍透视矩形。再连接点 b 与 Cc 的中点 O_3 并延长交 AC 的延长线于点 D，过点 D 向下作垂线交 ac 的延长线于点 d，则面域 AadD 就是原有矩形 AabB 的 3 倍透视矩形。采用这种方法还可以作水平面域的等分放大 (见图 3-99)，并对立方体作等分放大 (见图 3-100)，其原理相同，都是运用形体的角点连接对边中点并延长，从而得出等倍大小的透视形体。

图 3-98 垂直矩形透视等倍放大

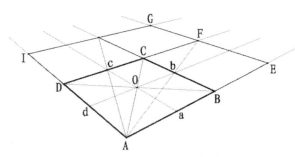

图 3-99 水平矩形透视等倍放大

此外，还可以根据设计需要将透视形体等分缩小，现已经根据透视原理绘制出垂直透视矩形 AEFG(见图 3-101)，要将其横向缩小至 1/3 或 2/3，可以将 AE 当作真高线，在 AE 上测量等分 4 段，即 AB = BC = CD = DE，分别将点 B、C、D 与灭点连接，点 B 与灭点的连线交 GF 于点 b，连接点 E 与点 b，则 Eb 交点 c 与灭点的连线于点 c，Eb 交点 D 与灭点的连线于点 d，分别过点 c 与点 d 作垂线交 AG 于点 I、H，交 EF 于点 i、h。最后，所得到的面域 AeiI 为原有矩形 AEFG 的 $\frac{1}{3}$ 大小透视矩形，面域 AehH 为原有矩形 AEFG 的

$\dfrac{2}{3}$ 大小透视矩形。

透视形体的等分缩放方法很多，但基本原理相同，除上述举例外还能绘制出更多图样的变化，这里就不再重复表述了。

图 3-100　立方体透视等倍放大

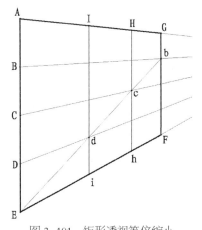

图 3-101　矩形透视等倍缩小

2. 透视形体非等分缩放

现在已经根据透视原理绘制出垂直透视矩形 AabB(见图 3-102)，需要将其左右对称放大。

首先，连接对角线，使 Ab 与 Ba 相交于点 O。再根据设计测量要求，过点 O 向任意方向作斜线，如向左上方作斜线交 BA 的延长线于点 A′，则 A′A 即为 AB 的放大透视长度，接着过点 A′ 向下作垂线交 ba 的延长线于点 a′，连接 a′O 并延长交 A′B 的延长线于点 B′，过点 B′ 向下作垂线交 a′b 的延长线于点 b′。最后，所得到的面域 A′a′b′B′ 为原有矩形 AabB 的非等分透视矩形。其中 A′A 的长度要根据实际情况与需要来标绘或投射，而非随意绘制。

此外，还可以将结构不同的非等分透视形体连接绘制，现已根据透视原理绘制出垂直透视矩形 AabB 与 BbcC，两者之间无等分关系，需要对其连续放大 (见图 3-103)。首先，

图 3-102　矩形透视非等倍放大

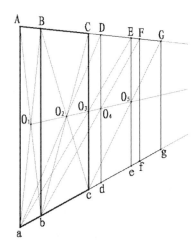

图 3-103　非等分组合矩形透视连续绘制

207

连接点 a 与点 O_2 并延长交 AC 的延长线于点 D，过点 D 向下作垂线交 ac 的延长线于点 d。将这两个矩形的对角线各自相连，得出点 O_1 与点 O_2 并相连，则 O_1O_2 的延长线必定交于灭点。然后，延长 O_1O_2 交 Cc 于点 O_3，连接点 a 与点 O_3 并延长交 AD 的延长线于点 E，过点 E 向下作垂线交 ad 的延长线于点 e，这样就得出面域 CcdD 为原有矩形 AabB 的连续透视矩形，面域 DdeE 为原有矩形 BbcC 的连续透视矩形。最后，根据同样的方法可以继续绘制，以得到更多符合设计需求的透视形体。

透视形体非等分缩放相对复杂，运用同样的原理既可以放大增多，也可以缩小减少。注意随时变换思维，不宜按部就班影响制图效率。其时，任何快速透视技法都是建立在熟练掌握灭点法与距点法之后所形成的，只要打好基础，自主制造适宜的快速技法并不难，透视制图效率也会随之提高。总之，强化练习是学习透视制图的根本方法（见图 3-104）。

图 3-104　室内场景透视图

课 后 练 习

1. 背诵透视图中主要术语的概念。

2. 详细讲述透视图的特点。

3. 比较灭点法与距点法之间的区别。

4. 使用 A3 幅面图纸绘制住宅卧室一点透视图。

5. 使用 A3 幅面图纸绘制商店或办公室两点透视图。

6. 使用 A3 幅面图纸绘制建筑外观三点透视图。

7. 设计绘制户外景观透视图并增加倒影或虚像。

学习难度:

★★★☆☆

重点概念:光
线、投影、承
影面、转折

210

章节导读

阴影制图是继基础设计制图之后又一重要组成部分,给完成的平面图、立面图与透视图增添阴影,能使设计对象的构造、层次更加醒目,让读图者一目了然,同时也提升了室内外设计制图的品质。阴影有严谨且科学的绘制方法,阴影的面积与投射方向由设计对象所处的位置、环境状况及光线投射角度等因素决定。

4.1 阴影制图基础

阴影源于光线对设计对象的照射,在严谨的设计制图中,阴影的边缘轮廓一般采用明确的界线来表现,以求得精确的位置。此外,阴影制图是设计制图的辅助,它能帮助读图者辨清设计构造与空间关系,不宜以虚影、重影等方式来表现。为了方便学习,本章中就针对设计对象的单层阴影来讲解绘制方法。

4.1.1 阴影形成的原理

在室内外设计制图中,准确绘制出阴影能使设计对象的形体结构更加明确,深入表现形体构造的凸凹、转角等结构变化,区分构造的材质、明暗等外观特征,从而使图面效果生动形象,富有立体感。阴影还能帮助设计者检查设计对象中构造的逻辑关系,对于研究形体是否具有美感很有帮助。

现在给某一立方体照射光线 L(见图 4-1)，光线 L 的入射角度定为 45°，被光线直接照亮的表面称为明面，如 BB′C′C、ABCD、AA′B′B，没有被光线照亮的表面称为暗面，如 AA′D′D、DD′C′C、A′B′C′D′。明面与暗面的交线 CDAA′B′C′C 称为明暗交界线，明暗

图 4-1　阴影形成原理

交界线的阴影称为影线，即 aa′d′c′cda，影线上的点为影点。因此，表现阴影需要具备光线、物体和承影面三个要素。

4.1.2　投射光线

形成阴影的光源主要有点光源与线光源两种，点光源由发光点向四周散发光线，如灯光等，线光源的光线散发成平行状态，如太阳光对地面的照射，在设计制图中绘制阴影通常采用线光源对设计对象进行照射。

图 4-2　投影光线立面图

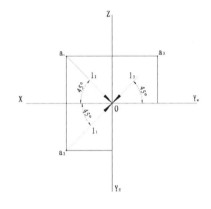

图 4-3　投射光线投影图

现在，以 V、H、W 三个面围合成一个空间 (见图 4-2)，分别与这三个面平行作一个立方体，其对角线 AO 作为光线 L 的方向，即从右、前、上方向左、后、下方照射，光线 L 对 V、H、W 面的倾斜角即约为 35°，光线 L 在 V、H、W 上的投影 l_1、l_2、l_3 与相应的面域夹角为 45°，这类光线就是常用的投射光线 (见图 4-3)。在绘制阴影时，常用投射光线能方便

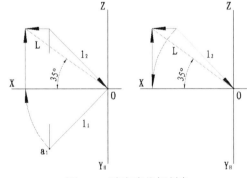

图 4-4　确定光线倾斜角

制图，能较清晰地反映出设计对象的阴影轮廓。在阴影绘制过程中，如果要得到投射光线对投影面的真实倾斜角，可以参照图 4-4 所示的旋转法来求得，也可以利用光线 L 的一个投影得出常用投射光线的倾斜角，倾斜角约为 35°。

4.1.3　点的阴影

点在承影面上的阴影实际上是过该点的光线延长后，与承影面的交点。当承影面为投射面时，绘制点的阴影也就是绘制过该点的光线与承影面的交点，这称为线面交点法。

如果点位于承影面 H 上，则其阴影与该点自身重合 (见图 4-5、图 4-6)。点 B 与其阴影点 B′、B″ 相重合，点 B′ 在 H 面上，点 B″ 在 P 面上。如果有两个或两个以上的承影面，则过该点的光线与其中某一承影面先交得的点才是真正的阴影，又称为真影，再与其他承影面交得的点称为虚影。真影一般标为 A_1、a_3 等，虚影一般应加括弧来区分，如 (A_H)、(a_h) 等 (见图 4-7)。

此外，可以采用线面交点法来求得点在投影面上的阴影 (见图 4-8)。点在投影面上的

图 4-5　点的阴影一　　　　图 4-6　点的阴影二

（a）　　　　（b）

图 4-7　点在投影面的阴影一

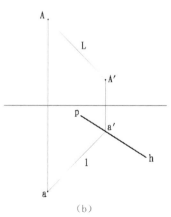

（a）　　　　（b）

图 4-8　点在投影面上的阴影二

落影可以先过点 A′ 作 L，过点 a 作 l 与 ph 相交于点 a′，即为点 A 在 P 面上的落影的 H 投影，再过 a′ 向上作垂线，交 L 于点 A′，即为点 A 在 P 面上的落影的 V 投影，点 A′ 与点 a′ 即为点 A 的落影。

4.1.4 直线的阴影

1. 自由直线的阴影

在投影面上作直线的阴影时，可以分别绘制直线两端点的阴影，然后连接两端点在同一承影面上的阴影即可（见图 4-9）。

如果自由直线的阴影分布在两个承影面上，如同时分布在 H 面与 V 面上，则需要将该直线的阴影在 H 面与 V 面的交线 XO 上中转，并要求得中转点 X_0（见图 4-10）。

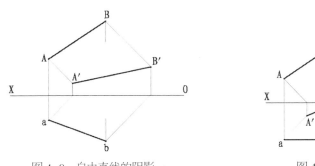

图 4-9 自由直线的阴影一　　　　图 4-10 自由直线的阴影二

首先，在直线 AC 上任意取一点定为点 B，这里将点 B 定为 AC 的中点，根据点的阴影绘制方法将直线 AC 上的点 A、B、C 的阴影绘制出来，其中点 A 的阴影点 A′ 在 H 面上，点 B 与点 C 的阴影点 B′、C′ 在 V 面上，连接点 C′ 与点 B′ 并延长交 XO 于点 X_0，则得出直线 AC 的阴影中转点。然后，连接点 A′ 与点 X_0，就得到直线 AC 在 H 面与 V 面上的阴影 A′X_0C′。当直线 AC 与 V 面平行时，则 V 面上的阴影与直线 AC 平行，也可以过点 C′ 作直线 AC 的平行线交 XO 于点 X_0，同样能得出中转点 X_0。

总之，如果自由直线的阴影同时分布在 H 面与 V 面上，就需要通过求得中转点来完成阴影绘制。

2. 垂线的阴影

垂线在阴影制图中一般可以分为铅垂线、正垂线和侧垂线三种。

(1) 铅垂线的阴影　铅垂线在 H 面上的阴影与光线 L 的 H 投影平行，即与 XO 轴成 45° 直线，而在 V 面上的阴影与铅垂线的 V 阴影平行，即与 XO 轴垂直。如果点 B 在 H 面上，点 B 的阴影在 H 面上，为点 B′，阴影就以点 B′ 开始倾斜 45° 交 XO 与点 X_0，过点 X_0 向上作垂线交过点 A 向 V 面作 45° 斜线于点 A′，则阴影 A′X_0B′ 就是铅垂线 AB 的阴影 [见图 4-11(a)]。如果点 B 不在 H 面上，并与 H 面相距为 Z，则铅垂线的阴影端点 B′ 就离开了 AB 的垂直投影点 a，点 B′ 与点 a 不重合，且这两点之间的垂直距离也为 Z。当然，铅垂线 AB 与其阴影 A′XO 的水平距离同点 a 至 XO 轴的垂直距离相等，均为 L[见图 4–11(b)]。

(2) 正垂线的阴影　正垂线在 V 面上的阴影与光线 L 的 V 投影平行，即与 XO 轴成 45° 直线，而在 H 面上的阴影与正垂线的 H 阴影平行，即与 XO 轴垂直。正垂线在 H 面上的阴影与正垂线的 H 投影的距离等于直线与 H 面的距离。如果点 B 在 V 面上时，点 B′ 即为直线 AB 在 V 面上的垂直阴影，阴影从点 B′ 开始向 XO 轴倾斜 45° 交 XO 于点 X_0，点 X_0 即为阴影的中转点，过点 X_0 向下作垂线与过点 A 向 X_0 轴作 45° 斜相交于点 A′，求得垂线 AB 的阴影 A′X_0B′[见图 4–12(a)]。如果点 B 不在 V 面上，并与 V 面相距为 L，则正垂线的阴影端点 B′ 就离开了 AB 的垂直投影点 a，点 B′ 与点 a 不重合，且这两点之间的水平距离也为 L[见图 4–12(b)]。

（a）　　　　　　　　（b）　　　　　　　　　　　　　　　　（a）　　　　　　　　（b）

图 4–11　铅垂线的阴影　　　　　　　　　　　　　图 4–12　正垂线的阴影

(3) 侧垂线的阴影　侧垂线 AB 在 V 面上的阴影，与直线 AB 的 V 投影平行且长度相等，直线 AB 与阴影 A′B′ 的间距等于 AB 与 V 面的间距 (见图 4–13)。

图 4–13　侧垂线的阴影

4.1.5　平面的阴影

平面上各角点的阴影在同一个投影面上，如 V 面 (见图 4–14)，平面图形在投影面上的阴影则由组成平面图形各角点与边线的阴影围合而成。平面图形为多边形或不规则形时，只需求得多边形或不规则形的各角点的阴影，连接这些角点阴影就能得到阴影轮廓。

如果平面图形的各角点阴影分散分布在 H、V 面上时，就必须求得 XO 轴上的中转点，具体方法同直线的阴影一致，仍旧要连接这些角点来完成阴影轮廓 (见图 4–15)。

图 4-14　平面在 V 面上的阴影

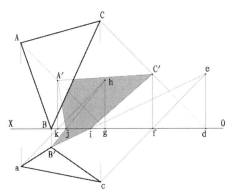

图 4-15　平面在 V、H 面上的阴影

4.1.6　圆的阴影

如果圆的平面平行于某一投影面时，如 V 面，在该投影面上的阴影仍为圆。以圆心 O 为端点向 V 面作 45° 倾斜线，再过圆心 O 向 V 面作 45° 倾斜线交 XO 轴后继续向上作垂线，交 OO′ 于点 O′，则得出圆心 O 在 V 面上的阴影点 O′，以点 O′ 为圆心，相同半径作圆，得出圆 O 的阴影圆 O′[见图 4-16(a)]。以同样的方法也可以在投影面上作出与圆相关的其他平面阴影 [见图 4-16(b)]。

如果圆在某一投影面上的阴影为椭圆时，则圆心 O 的阴影 O′ 也是椭圆的中心 [见图 4-17(a)]。

首先，在投影面上求得圆 O 外接正方形 ABCD 角点的阴影，得出平行四边形 A′B′C′D′。

然后，连接对角线 A′C′、B′D′，两线均交于点 O′，过点 O′ 作水平线分别交 A′B′ 于点 I′，交 D′C′ 于点 M′。连接点 o 与点 O′ 并延长，分别交 A′D′ 于点 H′，交 B′C′ 于点 L′，这样就得出该平行四边形四边上的中点 H′、I′、L′、M′。

接着，以点 O′ 为圆心，O′D′ 为半径作弧交 O′H′ 于点 F′，过点 F′ 作水平线分别交 O′A′ 于点 G′，交 O′D′ 于点 E′，以同样的方法得出点 K′、N′。

最后，采用平滑曲线依次连接点 H′、G′、I′、K′、L′、N′、M′、E′ 就得出圆 O 的阴影。

除水平圆外，还可以采用这种方法作出侧平圆在 V 面上的阴影 [见图 4-17(b)]。绘制平面圆的阴影与点、线、面的阴影相同，只是要采用平滑曲线来完成角点阴影的连接。

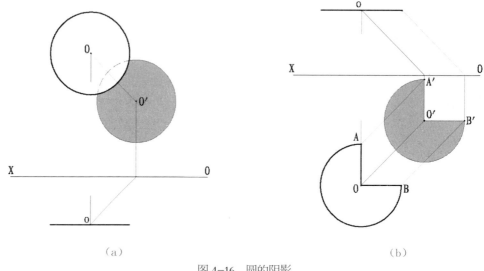

（a） （b）

图 4-16 圆的阴影

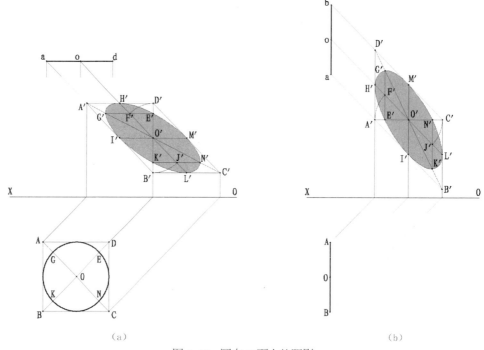

（a） （b）

图 4-17 圆在 V 面上的阴影

4.1.7 形体的阴影

形体是由点、线、面围合组成的，因此，阴影的绘制方法与上述内容基本相同，但是要注意，须在绘制阴影时表现出全部已知角点的位置。

针对一个长方体，一般需预先绘制出平面图与立面图 (见图 4-18)。矩形 ABCD 为该立方体的平面图，矩形 A′B′C′D′ 为该立方体的正立面图。如果阴影投射在 H 面上，就将正立面图上的角点分别倾斜投射至 XO 轴上，再向下垂直延伸，分别与平面图上的角点投射出来的倾斜线相交，得到交点 a、b、c、d、e、f，最后依次相连即可得出阴影 [见图 4-18(a)]。

如果阴影投射在 V 面上，则方法相反，将平面图中的角点向 XO 轴倾斜投射，中转后向上垂直延伸，分别与立面图上的角点投射出来的倾斜线相交，最终得出阴影轮廓 [见图 4-18(b)]。如果阴影同时分布在 V 面与 H 面上，就要先求得中转点，如点 c、g，然后以相同的方法分别在 V 面与 H 面求得阴影的角点，最后依次相连即可 [见图 4-18(c)]。

绘制形体的阴影关键在于找准平面图与立面图的位置关系与尺度，根据实际情况确定阴影在所在的承影面。绘制形体的阴影在室内外设计制图中较为常用。

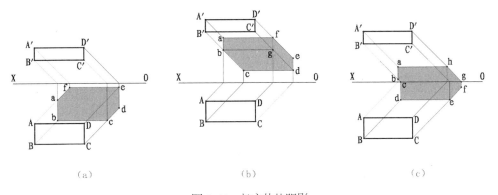

（a）　　　　　　　　　　（b）　　　　　　　　　　（c）

图 4-18　长方体的阴影

阴影的特性

由于采用平行光线照射，所得的阴影都具备平行特性。直线是大多数设计构造中常见的元素，这里就针对直线来分析阴影的基本特性。

(1) 直线的阴影仍为直线：光线 L 对直线 AB 上各点照射后，到达 H 面上的各点阴影相互连接后仍为直线 A′B′[见图 4-19(a)]。如果直线 CD 平行于光线 L，直线在 H 面上的阴影为一个点，如点 D′[见图 4-19(b)]。图 4-19(c) 为图 4-19(a) 与图 4-19(b) 的投影图，由于直线 CD 平行于光线 L，因此其阴影都聚为点 d。

(2) 直线与承影面平行，则与阴影平行且相等：直线 AB 与 H 面平行，则 AB 与其阴影 A′B′ 之间的关系不仅是平行，而且长度相等 (见图 4-20)。

(3) 平行直线的阴影仍平行：直线 AB 与 CD 相互平行，且它们的阴影都投射在 H 面上，则阴影 A′B′ ∥ C′D′(见图 4-21)。

(4) 相交直线的阴影仍相交：直线 AB 与 CD 相交于点 M，且它们的阴影都投射在 H 面上，则阴影 A′B′ 与 C′D′t 仍相交，交点为 M′，点 M′ 是点 M 在 H 面上的阴影 (见图 4-22)。

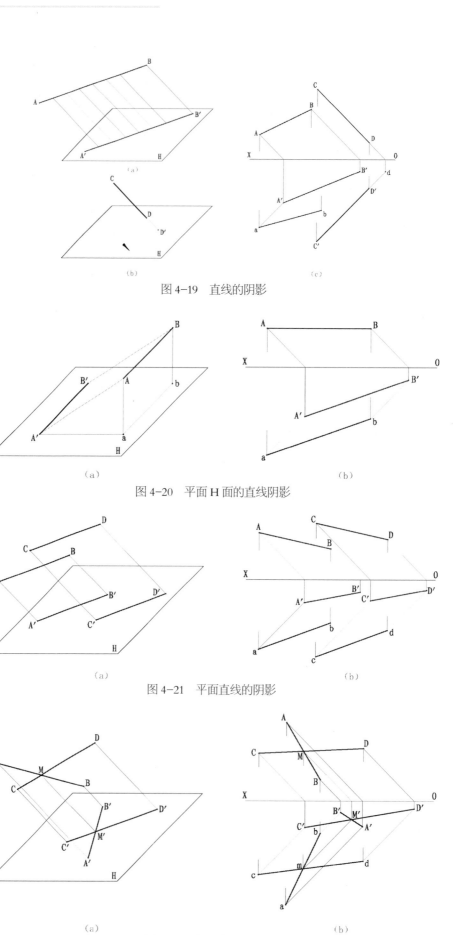

图 4-19　直线的阴影

图 4-20　平面 H 面的直线阴影

图 4-21　平面直线的阴影

图 4-22　相交直线的阴影

4.2 平面阴影

在二维投影图中，绘制设计对象的阴影比较容易，关键要注意合理选择光线照射方向，对齐平、立面图的位置，确定承影面之间的中转点等三个方面的问题。在实际制图中，设计对象的形体结构有直线形和曲线形两种，这里就列举两组几何形分别详细介绍。

4.2.1 直线形体阴影

绘制直线形体阴影不仅要注意多个几何形体之间的位置关系，还要注意形体与承影面之间的空间距离。这里列举一组几何体来讲述直线形体的阴影绘制方法 (见图 4-23)。

图 4-23　直线形体阴影

首先，分析这组直线几何形体，它是由左侧较高长方体与右侧较低斜边长方体组成，现在要求在正立面图与平面图上绘制阴影。为了详细表现形体结构，特将侧立面图也绘制出来并标上尺寸。左、右两长方体在平面图中的位置关系是横向中轴对称，右侧长方体背后紧贴垂直墙面，而左侧长方体背后与墙面保持 1000 mm 间距。设定光线从左上 (前) 方照射至形体上，照射角度为 45°，因此，左侧立体的阴影会分布在地面、墙面和右侧长方体上，其中在右侧长方体上还会出现中转，这些都是该形体在阴影制图中需注意的要点。

然后，根据上述分析开始绘制，正立面图与平面图上的阴影可以同时绘制。分别过点 A 与点 B 向右下方作 45° 斜线，过点 a 与点 b 向右上方作 45° 斜线交墙线 g 于点 c 与点 d，再分别过点 c 与点 d 向上作垂线与点 A、B 引出的斜线相交，得到交点 C、D。连接点 C 与点 D，CD 交 BE 于点 B′。过点 e 向右上方作 45° 斜线交 e′i 于点 f，过点 f 向上作垂线交 E′I 于点 F，延长 BD 交 E′I 于点 H。过点 H 向下作垂线，正好与 ef 的延长线相交于点

h，Hh 又与墙线 g 相交于点 h′。这样，在立面图中得到阴影面域 B′EFHD，在平面图中得到阴影面域 abefhh′c，它们都是左侧较高长方体的阴影。

最后，参照上述方法求得右侧较低斜边长方体的阴影。分别过点 I 与点 J 向右下方作 45° 斜线，交墙线 G 于点 L 与点 K。分别过点 L 与点 K 向下作垂线。同时，分别过点 j 与点 i 向右上方作 45° 斜线，使其与垂线相交，得到交点 K 与 l。其中点 k 是点 j 在地面上的阴影，点 l 是点 i 在地面上的阴影，连接点 k 与点 l，kl 即为斜边 ji 在地面上的阴影。Ll 与墙线相交于点 l′。这样，在立面图中得到阴影面域 IML，在平面图中得到阴影面域 mjkll′，它们都是右侧较低斜边长方体的阴影。

根据上述方法，最终得到整个几何形体的阴影面域。绘制直线形体阴影要特别注意阴影在不规则结构上的转折，正确绘制阴影的转折点是完成全局制图的关键。

4.2.2　曲线形体阴影

绘制曲线形体阴影要注意对曲线的归纳，在设计对象中最好采用圆弧来拼接表现曲线，不宜随意绘制自由曲线，这样会给阴影制图带来困难。这里列举一组几何形体来讲述曲线形体的阴影绘制方法 (见图 4-24)。

图 4-24　曲线形体阴影

　　首先，分析这组曲线几何形体。它是由上、中、下三个几何形体组合而成的，上、中形体为圆柱体，下部形体为长方体，三个形体在平、立面图中的位置关系都是中轴对称。为了详细表现形体结构，特将侧立面图也绘制出来并标上尺寸。上部圆柱体背部边缘与墙面保持 1000 mm 间距，中间圆柱体背部边缘与墙面保持 2000 mm 间距。设定光线从左上 (前) 方照射至形体上，照射角度为 45°。因此，上部圆柱体的阴影会投射至墙面和中间圆柱体上，中间圆柱体的阴影会投射至墙面、地面和下部长方体上，且两个圆柱体都会在自身上形成阴暗面，这样还须确定两个圆柱体上的明暗交界线的位置。这些都是该形体在阴影制图中须注意的要点。

　　然后，根据上述分析开始绘制，正立面图与平面图上的阴影可以同时绘制。在平面图中，过点 o 向左下方作 45° 斜线交上部圆柱轮廓于点 f，of 交中间圆柱轮廓于点 m；过点 o 向下作垂线交上部圆柱轮廓于点 j，交中间圆柱轮廓于点 h′；过点 o 向右下方作 45° 斜线交上述两圆柱轮廓于点 i′ 与点 j′，并延长，与过点 j 作水平线相交于点 d′；过点 o 向左作水平线交上部圆柱轮廓于点 d，并连接点 d 与点 d′。由平面图中圆心 o 引出的上述各点都是正立面图绘制阴影的基础投射点。再分别过点 f、h、i、i′、m 向上作垂线引至正立面图中，得到点 F、H、I、L′、E′，这 5 个点都在正立面图的上部圆柱体边缘轮廓上，因为它们都是由平面图中上部圆柱轮廓点投射而来的。而点 Y 在正立面图的中间圆柱体边缘轮廓上，因为它是由平面图中中间圆柱轮廓点投射而来的。在正立面图中，以 BC 的中点 J 为圆心，BJ 为半径向下作半圆弧，过点 J 向左下方作 45° 斜线交半圆弧于点 F′，分别过点 J 与点 F′ 作垂线与水平线，彼此相交于点 O。连接点 B 与点 O、BO 交中间圆柱左侧边缘于点 M，过点 M 向右侧作水平线，与 FO 连线相交于点 M′，点 M′ 正好也在由点 m 投射上来的垂线上。分别过点 H 与点 I 向右下方作 45° 斜线，分别与 JO、i′Y 的延长线相交，得到点 J′ 与点 I′。这样就在正立面图中间立柱上得到点 M′、J′、I′，过这三点作圆弧并向左侧延长至中间圆柱的边缘上，得到交点 N′。最终形成了阴影面域 N N′M′J′I′YZ′L 为上部圆柱在中间圆柱上的投射阴影。阴影面域 E′L′CD 为上部圆柱自身的暗部面域。

　　接着，根据上述投射原理继续绘制该曲线形体在墙面上的阴影。在平面图中，分别过点 d′、j′、i′、o、m′ 向右上方作 45° 斜线，分别与墙线 g 相交，得到交点 c、w、x、f′、z，并向上作垂线投射至正立面图中。在正立面图中，分别过点 A、B、C、D、E 向右下方作 45° 斜线，与上述垂线分别对应相交，得到点 A′、B′、C′、D′。A′D′ 与点 E 的投射斜线相交于点 T，过点 T 向下作垂线交 B′C′ 于点 T′，ET 交 BC 于点 K，ET 交点 f′ 向上引出的垂线于点 O′，点 O′ 即是上部圆柱体上表面投射至墙面阴影中的圆心。延长 f′O′ 交 DD′ 于点 P，则点 P 正好也在 BC 的延长线上。过点 O′ 向右作水平线交 DD′ 于点 R。以点 O′ 为圆心，O′P 为半径作弧交 ET 于点 K′，过点 K′ 向右侧作水平线交 PO′ 于点 Q，再以相同的方法求得点 S，过点 S 向右侧作水平线交 O′D′ 于点 S′。以 TT′ 的长度为基准，分别过点 S 与点 S′ 向下测量标绘出点 V 与点 W。使用平滑曲线依次连接点 K、Q、R、S′ 与点 W、T′、V，这两段曲线按圆的阴影方法来绘制。曲线 WT'V 与点 x 投射上来的垂线相交于点 X，xX 交墙线 G 于点 X'。这样，由两段曲线与两段直线组合而成的轮廓 X'XT'WS'RQK 即为该几何体在墙面上的阴影轮廓线。此外，发现由点 z 向上投射的垂线交 YU 于点 Z，Zz 位于圆柱轮廓 LZ' 的左侧，可以认定该几何形体阴影的左侧轮廓被遮挡，因此无需再继续绘制。轮廓 X'XT'WS'RQL 与几何形体之间的面域全部为该形体在墙面上的阴影。

最后，在正立面图中，过点 U 向右下方作 45° 斜线交墙线 G 于点 U'，过点 U' 向下作垂线，同样，过点 u 向右上方作 45° 斜线，与至上而下的垂线相交于点 u'。U'u' 与 ix 相交于点 x'，这样就得到该几何形体在平面图中的全部阴影轮廓角点，它们分别是 u、u'、x'、x、z、m"、i"、u"，依次连接即得出平面图中的阴影轮廓。

绘制曲线形体阴影要把握好曲线的边框轮廓，先给曲线绘制直线边框，将边框上的角点投射至墙、地面上，再使用平滑曲线来表现其阴影轮廓。总之，曲线的阴影一般都要通过直线来中转，这样才能严格控制曲线的正确性。

课程贴士

阴影阳面与阴面的判别

如果平面形体是不透明的，在光线的照射下，就会产生阳面与阴面。受光的面称阳面，背光的面称阴面，平面投影的可见面就有可能是阳面的投影或阴面的投影，因此，在绘制正投影图中的阴影时，需要判别图形的各个投影是阳面投影还是阴面投影。

当平面垂直于投影面时，可在有积聚性的那个投影中，直接利用光线的同名投影来加以检验。当平面处于一般位置时，如果平面的两投影各顶点的旋转方向相同，这时两投影同是阳面或是阴面的投影。如果一面为阳面的投影，一面为阴面的投影，可以先求出平面的落影。当平面的某一投影各顶点与其同面落影各顶点字母旋转方向相同，则说明这个投影是阳面投影；当旋转方向相反，则这个投影是阴面投影。然后再用前述方法判别另一个投影是阳面或是阴面的投影。

4.2.3　案例分析：某书桌柜阴影绘制方法

为了加深对阴影制图原理的认识，这里再列举一项实例详细讲解书桌柜的阴影绘制方法 (见图 4-25)。

首先，分析这件书桌柜，它由左侧书柜、右侧书桌与挂置隔板组成。现在要求在正立面图与平面图上绘制阴影。为了详细表现形体结构，特将侧立面图也绘制出来并标上尺寸。书桌柜全部靠墙放置，设定光线从左上 (前) 方照射至设计对象上，照射角度为 45°，因此，该书桌柜的大部分阴影都分布在墙面上。此外，还须表现书桌的阴影通过墙线 G 中转至地面上，以及柜门与抽屉的阴影分布在踢脚板上。这些都是不可忽视的细节。

然后，根据上述分析开始绘制，正立面图与平面图上的阴影可以同时绘制。在正立面图中分别过点 A、C、E、H、J 向右下方作 45° 斜线。在平面图中，分别过点 a、c、h、n

向右上方作 45° 斜线，与墙线 g 相交，得到交点 b、d、i、o，再由这 4 个点向上引垂线至正立面中，与上述对应斜线相交，得到交点 B、D、F、I、K、O。这样就得到了正立面中墙面上阴影的主要轮廓角点，依次连接即可得出该书桌柜在墙面上的阴影。

接着，绘制左侧书柜下方柜门的阴影，从侧立面图中可以看出，书柜柜门要凸出柜体踢脚板 20 mm，则柜门下部即会产生阴影并投射至踢脚板上。仍然参照上述方法，分别过点 L、l 作 45° 斜线，由点 l 引出的斜线交踢脚板轮廓于点 m，再过点 m 向上作垂线至正立面图中与点 L 引出的斜线相交，得到交点 M，过点 M 作水平线即得出柜门的阴影。以同样的方法绘制出右侧书桌抽屉下部的阴影，具体绘制步骤与角点标注就不再重复。

最后，结合正立面图与平面图分析书桌内部的阴影，由于书桌深度为 600 mm，阴影区域的高度与宽度均小于 600 mm，以 45° 光照无法呈现出阴影轮廓。因此，在正立面图中，书桌内的构造全部为阴影区域。

绘制设计制图中的平面阴影相对容易，只要理清设计对象的空间构造，经过细心分析，通过缜密地逻辑推理，就不难操作。日常作图要适当练习阴影绘制，方能使平淡的图面提升档次，增添审美效果。

图 4-25　书桌柜阴影

4.3 透视阴影

在室内外设计透视制图中增加阴影，能使设计对象的表现效果更富有真实感，能充分体现设计者的创意，帮助识读者理解构造层次。透视阴影是在透视图中加绘阴影，也可称为在透视图中作阴影的透视，学习透视阴影的前提是熟练掌握透视图基本绘制方法，在正确透视制图的引导下才能顺利完成阴影的绘制。

4.3.1 光线的种类

在日常生活中，我们所见到的阳光为平行光线，光线则可以认为是平行的直线，光线的透视具有平行直线的透视特性。设光线为 L，当光线 L 与画面 P 平行时，光线的透视也互相平行；当光线 L 与画面 P 相交时，光线的透视会在画面 P 中灭于一点，且又会出现光线 L 照向画面 P 正面与光线 L 照向画面 P 背面两种情况。

1. 光线 L 与画面 P 平行

一组平行光线的透视仍为平行线，光线的次透视（光线的基面投影的透视）l 与视平线 h 平行，空间光线 L 与次透视 l 的夹角反映光线与基面倾角 α 的实形，这又称为平行光 [见图 4-26(a)]。在实际制图中，一般设定 α = 45°。过空间点的透视 A 作光线 L，过次透视 α 作光线次透视 l，两线的交点即为点 A°。aA° 即为铅垂线 Aa 的透视阴影，由此可见铅垂线 Aa 在画面平行光线照射下落在基面 G 上的影子与光线的次透视 l 平行 [见图 4-26(b)]。

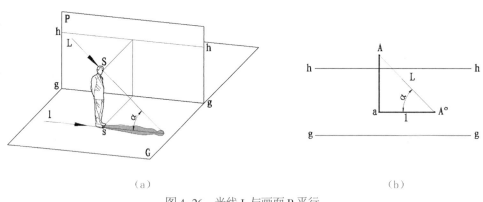

（a）　　　　　　　　　　　　　　　（b）

图 4-26　光线 L 与画面 P 平行

2. 光线 L 照向画面 P 的正面

光线自观察者的左后上方（或右后上）射向画面。这时，平行光线具有灭点 F_l（光线次透视 l 的灭点）、F_L（空间光线 L 的灭点）。灭点 F_L 在视平线 h 之下，光线的基面投影 l（水平线）的灭点 F_l 在视平线 h 上，又称为正光。F_L 与 F_l 的连线是一条垂直于视平线 h 的铅垂线 [见图 4-27(a)]。将点 A 与点 F_L 相连，连线 AF_L 即为点 A 的光线的透视，将次透视点 a 与点 F_l 相连，连线 aF_l 即为过 A 点光线的次透视。AF_L 与 aF_l 的交点，即为点 A 的透视阴影点 A°。由于过形体上各点的光线在空间互相平行，当它们与画面相交时，都应灭于点 F_L，次透视灭于点 F_1，所以各点与点 F_L 相连，即得过各点的光线的透视。各点的次透视与点 F_1 相连，即为过各点的光线的次透视。铅垂线在基面上的落影必灭于点 F_1，aA° 即为铅垂线 Aa 在基面上的透视阴影 [见图 4-27(b)]。

（a） （b）

图 4-27 光线 L 照向画面 P 的正面

3. 光线 L 照向画面 P 的背面

光线自观察者的前右上 (或前左上) 方向射来，光线的灭点 F_L 在视平线 h 的上方，次透视的灭点 F_1 在视平线 h 上，$F_LF_1 \perp$ h，又称为背光 [见图 4-28(a)]。连点 A 与点 F_L、点 a 与点 F_1，将 F_LA、F_1a 的延长线相交，交点即为点 A 的透视阴影点 A°。aA° 即为铅垂线 Aa 在基面上的透视阴影，它必灭于点 F_1[见图 4-28(b)]。

（a） （b）

图 4-28 光线 L 照向画面 P 的背面

4.3.2 一点透视阴影

一点透视图中的灭点只有一个，即点 s′，绘制方法比较简单，这里按照上述光线 L 的三种情况分别讲解透视阴影的绘制方法。

1. 平行光的透视阴影

首先，分析已经绘制完成的一点透视图，灭点 s′ 位于设计对象左侧，两个立方体交错后左侧结构复杂，适宜绘制阴影。可以将光线 L 的投影方向定在右侧。光线的次透视 l 与画面 p 平行，沿水平方向从右向左照射。设光线 L 与次透视 l 的夹角 α = 45°。

然后，开始绘制光线，分别过点 D、E 向左侧作水平线 Dd 与 Ee 交 CG 于点 d 与点 e，则阴影面域 dDEe 为右侧较高立方体投射在左侧较低立方体的阴影。再分别过点 d、e 向下作垂线 dd′ 与 ee′，交 IJ 于点 d′ 与点 e′，分别过点 d′、e′ 向左作水平线，与过点 A、B 向左下方作 45° 斜线相交于点 a、b。以同样的方法得出点 c 与点 g。

最后，连接点 I、c、g、J 即得出左侧较低立方体投射在基面 G 上的阴影，连接点 e′、b、a、d′ 即得出右侧较高立方体投射在基面 G 上的阴影，其中 ab 与 gc 延长线都能交于灭点 s′(见图 4-29)。

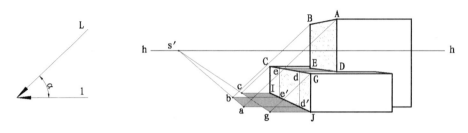

图 4-29　一点透视平行光阴影

2. 正光的透视阴影

光线 L 与画面 p 相交，且光线 L 射向画面 P 正面时称为正光，在正光照射的条件下，光线灭点 F_L 位于视平线 h 下方，且灭点 F_l 与 F_L 都位于阴影的同侧方向。

首先，分析已经绘制完成的一点透视图，设定光线灭点 F_l 与 F_L 位于设计对象的左侧，具体距离根据实际情况来定，不宜过远或过近。绘制出右侧较高立方体中被遮挡的轮廓线并作标注。

然后，连接点 N 与 F_l 交 JI 于点 m，则面域 NmI 为右侧较高立方体投射在左侧较低立方体上的阴影。连接点 J 与 F_L，连接点 K 与 F_l，两线相交于点 j，点 j 即为立方体投射在基面 G 上的阴影轮廓角点。以同样的方法得出点 d、c、b。

最后，将点 j、d、c、b 相互连接并与灭点 s′ 相连，彼此间围合形成的面域即为立方体在基面 G 上的阴影。绘制正光透视阴影要将被遮挡阴影的轮廓角点逐一表现出来，连接时才能明确其彼此间的关系 (见图 4-30)。

3. 背光的透视阴影

光线 L 与画面 P 相交，且光线 L 射向画面 P 背面时称为背光，在背光照射的条件下，光线灭点 FL 位于视平线 h 上方，且灭点 F_l 与 F_L 都位于阴影的反侧方向。

首先，分析已经绘制完成的一点透视图，设定光线灭点与 F_l 与 F_L 位于设计对象左侧，灭点 FL 的高度根据实际情况来定，高度大则阴影面积小，高度小则阴影面积大。

然后，连接灭点 F_l 与点 N 并延长交 JI 于点 n，则面域 NnIG 为右侧较高立方体投射到左侧较低立方体上的阴影。连接灭点 FL 与点 B 并延长交灭点 Fl 与点 D 相连的延长线于点 b，则点 b 即为立方体投射在基面 G 上的阴影轮廓角点。以同样的方法得出点 a、c、l、j，其中对于点 l 也可以先求出点 j，再过点 j 作水平线交 Lc 于点 l。

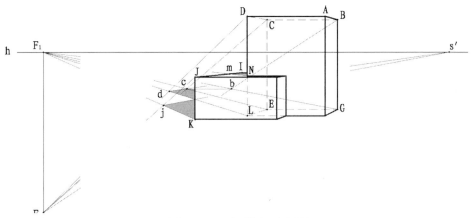

图 4-30　一点透视正光阴影

　　最后，将点 j、l、c、a、b 相互连接，彼此间围合形成的面域即为立方体在基面 G 上的投影。绘制背光透视阴影要明确设计对象的背光面，针对背光面的角点依次投射出阴影轮廓角点即可，水平线轮廓边投射出的阴影边即为水平，倾斜轮廓边投射出的阴影边即为倾斜，多个设计对象的重叠阴影只需绘制整体轮廓（见图 4-31）。

图 4-31　一点透视背光阴影

一点透视图中的阴影要把握透视的逻辑关系，设计对象中的轮廓如果具有透视形态，其阴影也具有透视形态；设计对象中的轮廓具有平行形态，其阴影也具有平行形态。

4.3.3　两点透视阴影

两点透视图中的灭点有两个，透视阴影的轮廓既要灭于点 f_1、f_2，还要灭于点 F_L、点 F_l，这里按照上述光线 L 的三种情况分别讲解透视阴影的绘制方法。

1. 平行光的透视阴影

首先，分析已经绘制完成的两点透视图，两个立方体相接后左侧结构复杂，适宜绘制阴影。可以将光线 L 的投射方向定在右侧，光线的次透视 l 与画面 P 平行，沿水平方向从右向左照射。设光线 L 与次透视 l 的夹角 $\alpha = 45°$。

然后，开始绘制光线，过点 G 向左侧作 45° 斜线交 AD 于点 g，形成面域 GgD 即为右侧较低立方体投射至左侧较高立方体上的阴影。接着过点 I 向左侧作 45° 斜线与过点 J 向左侧作水平线相交于点 i，则点 i 即是点 I 投射在基面 G 上的阴影轮廓角点，连接灭点 f_1 与点 i，则 f_1i 必定过点 D，得出的面域 GgDiJI 为右侧立方体的阴影。以同样的方法得出点 a、c、b，连接 ac 并延长必灭于点 f_1，连接 cb 并延长必灭于点 f_2，过点 b 作水平线交 CE 于点 e。

最后，连接点 e、b、c、a、D 即得出右侧较高立方体投射在基面 G 上的阴影（见图 4-32）。

图 4-32　两点透视平行光阴影

2. 正光的透视阴影

在正光照射的条件下，光线 F_L 位于视平线 h 下方，且灭点 F_l 与 F_L 都位于阴影的同侧方向。

首先，分析已经绘制完成的透视图，设定光线灭点 F_l 与 F_L 位于设计对象左侧，具体距离根据实际情况来定，不宜过远或过近。绘制出左侧较高立方体被遮挡的轮廓线并作标注。

然后，连接点 J 与灭点 F_l 交 KI 于点 j，过点 j 向上作垂线交 F_LG 于点 g，则面域 GgjI 即为右侧较低立方体投射到左侧较高立方体上的阴影。分别连接 F_LA、F_LB、F_LC、F_lK、F_lD、F_lE，其中 F_LA 与 FlK 交于点 a，F_LB 与 F_lD 交于点 b，F_LC 与 F_lE 交于点 c。

最后，接着连接 ac、cb，其中 ac 的延长线必定灭于点 f_1，cb 的延长线必定灭于点 f_2，得出面域 dbcaE 为左侧较高立方体投射在基面 G 上的阴影（见图 4-33）。

图 4-33 两点透视正光阴影

3.背光的透视阴影

在背光照射的条件下，光线灭点 F_L 位于视平线 h 上方，且灭点 F_1 与 F_L 都位于阴影的反侧方向。

首先，分析已经绘制完成的两点透视图，设定光线灭点 F_1 与 F_L 位于设计对象左侧，灭点 FL 的高度根据实际情况来定，高度大则阴影面积小，高度小则阴影面积大。

然后，连接灭点 F_L 与点 G 并延长交 AE 于点 g，则面域 GgEK 为右侧较低立方体投射到左侧较高立方体上的阴影，接着分别连接 F_LI 与 F_1J 并延长交于点 i，以同样的方法得出点 a、b、c，其中连接 ac 并延长必定灭于点 f_1。

最后，连接 f_2a、f_1i 交于点 e，连接 f_2B 交 CD 于点 d，则面域 dbcaeiJKED 即为两个立方体在基面 G 上的阴影 (见图 4-34)。

两点透视中的阴影绘制方法与一点透视相同，仍然要注意透视的逻辑关系，设计对象中的轮廓如果具有透视形态，且向灭点 f_1、f_2 延伸，其阴影也具有透视形态，且也向灭点 f_1、f_2 延伸。

图 4-34 两点透视背光阴影

4.3.4 三点透视阴影

在三点透视图作透视阴影，其原理与方法与前两种透视完全相同，但是三点透视图中的画面 P 是倾斜的，因此要分为三种形式。下面就分别讲解它们的绘制原理与方法。

1. 光线 L 与倾斜画面 P 相交

光线 L 和次透视 l 分别灭于点 F_L、F_l，由于画面 P 是倾斜的，灭点 F_L、F_l 的连线不垂直于视平线 h，而是通过灭点 f_3，f_3F_L 实际上就是光平面的灭线，它们与视平线 h 相交于点 F_l（见图 4-35）。

首先，根据实际情况设定灭点 F_L 于设计对象的左下方，距离设计对象越远，则阴影面

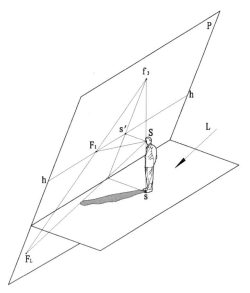

图 4-35　光线 L 与倾斜画面 P 相交

积越大。连接灭点 f_3 与 F_L 交视平线 h 于点 F_l，将立方体中被遮挡的轮廓结构增绘出来并作标注。

然后，分别连接 F_LA、F_LB、F_LC、F_lD、F_lE、F_lG，从而得到交点 a、b、c。

最后，连接 ac、cb 即得出面域 acbdD 为该立方体的阴影（见图 4-36）。

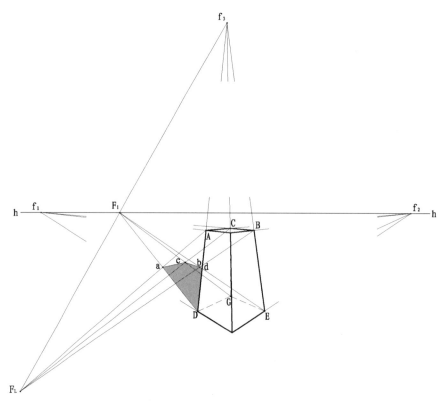

图 4-36　光线 L 与倾斜画面 P 相交的三点透视阴影

2. 光线 L 与倾斜画面 P 平行

光线与倾斜画面 P 平行即光线不产生灭点，但是过灭点 f_3 作光线自射的平行线与视平线 h 相交，就得出交点 F_1（见图 4-37）。

首先，根据实际情况设定光线 L 从左向右照射，设定灭点 F_1 于设计对象右侧，并位于视平线 h 上，距离设计对象越远则阴影面积越大，连接灭点 f_3 与 F_1，将立方体中被遮挡的轮廓结构增绘出来并作标注。

然后，分别连接 F_1D、F_1E、F_1G，接着再分别过点 A、B、C 向右下方作斜线，且斜线与 f_3F_1 平行，与 F_1D、F_1E、F_1G 交于点 a、b、c。

最后，连接 ab、bc 即得出面域 abcdED 为该立方体的阴影（见图 4-38）。

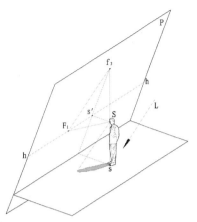

图 4-37　光线 L 与倾斜画面 P 平行

图 4-38　光线 L 与倾斜画面 P 平行的三点透视阴影

3. 光线 L 与垂直画面平行

光线与垂直画面平行时，光线的次透视就平行于视平线 h，且无灭点 F_1。但是光线与倾斜画面 P 产生交点 F_L，这时 F_Lf_3 平行于视平线 h（见图 4-39）。

首先，根据实际情况设定灭点 F_L 位于灭点 f_3 左侧，光线从右向左照射，距离设计对象越远则阴影面积越大。

然后，分别连接 F_LA、F_LB，再分别过点 C、D 向左侧作水平线 Ca、Db，其中 Ca 交 F_LA 于点 a，Db 交 F_LB 于点 b。

最后，连接点 b 与 f_2 交 BD 于点 d，连接点 a 与点 b，其延长线必定灭于点 f_1，从而得出面域 dbaCD 为该立方体

图 4-39　光线 L 与垂直画面平行

的阴影 (见图 4-40)。

三点透视中的光线灭点 F_l 与 F_L 要根据需要来设点,自由度较高,但是要求具备一定制图经验,并且要与画面 P 之间保持对应关系。

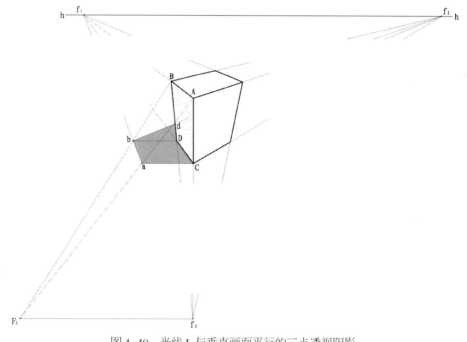

图 4-40　光线 L 与垂直画面平行的三点透视阴影

4.3.5　透视阴影案例分析

为了深入理解透视阴影的原理与绘制方法,这里列举两项设计方案的透视图来绘制透视阴影。

1. 电视柜一点透视阴影

首先,分析电视柜透视图的位置与透视角度 (见图 4-41),为了充分表现柜体中隔板的阴影,可以选用光线 L 与画面 P 相交且形成正光的照射效果,这样会与常见的室内灯光照射效果一致。于是将光线的灭点 F_L 与次透视 F_l 设定在电视柜右侧,灭点 F_L 位于下方。

图 4-41　电视柜一点透视阴影

然后，绘制电视柜外部的阴影，分别连接点 A 与灭点 F_L，点 B 与灭点 F_1，BF_1 交墙角线于点 b，过点 b 向上作垂线交 AF_L 于点 a，连接点 C 与点 a，即得出右侧低柜的外部阴影。再以同样的方法绘制出左侧高柜的外部阴影。

最后，绘制电视柜内部的阴影，分别连接点 I 与灭点 FL，点 J 与灭点 Fl，JFl 交柜体内的墙角线于点 j，过点 j 向上作垂线交 IFL 于点 i，过点 i 向右侧作水平线交柜体边框于点 m，即得出高柜内部上隔板的阴影。再以同样的方法绘制出下隔板的阴影。

这个案例着重表现电视柜在墙面上的阴影，模拟真实家具的投影状况，具有一定的代表性。

2. 鞋柜两点透视阴影

首先，分析鞋柜透视图的位置与透视角度，为了充分表现阶梯形柜体的阴影，可以选用光线 L 与画面 P 平行，从左向右呈 45° 方向对鞋柜作照射。阴影一部分投射到地面上，另一部分投射到与鞋柜紧靠的墙面上（见图 4-42）。

图 4-42　鞋柜两点透视阴影

然后，开始绘制顶部灯箱的阴影，过点 M 作水平线交墙角线于点 n，过点 n 向上作垂线，与过点 A、D 分别向右下方绘制 45° 斜线相交于点 a、d，点 a、d 即是顶部灯箱角点投射到在墙面上阴影的轮廓角点。连接灭点 f_1 与点 d，过点 E 向右下方绘制 45° 斜线与 f_1d 相交于点 e。连接点 C 与点 e，连接点 B 与点 a，则面域 CedaB 即为顶部灯箱投射到墙面上的阴影。

接着，绘制阶梯形鞋柜的阴影，过点 L 向右下方绘制 45° 斜线，与过点 M 作水平线相交于点 l，以同样的方法得到点 k′，连接灭点 f_2 与点 l，则 f_2l 与 kk′ 相交于点 l′。连接灭点 f_2 与点 k′，交墙角线于点 m。这样就得出了鞋柜在地面上的阴影轮廓角点。过点 j 作水平线交墙根线于点 m′，过点 m′ 向上作垂线，与过点 J 向右下方绘制 45° 斜线相交于点 j′，连接点 m 与点 j′。再过点 I 向右下方绘制 45° 斜线交 m′j′ 的延长线于点 i，并连接点 G 与点 i。点 i、j′、m 即为鞋柜在墙面上的阴影轮廓角点。

最后，依次连接点 M、l、l′、k′、m、j′、i、G 得出鞋柜的全部阴影。

这个案例的重点在于分清地面与墙面阴影的关系，墙面上的阴影是由地面阴影延伸出来的，即使设计对象在地面上没有阴影，也要绘制延伸线将其模拟出来，从而得到正确的墙面阴影，切不可将两者分开绘制。此外还要注意阴影在墙角线上发生的转折，绝大多数情况下，转折点并不是实际物体上角点的阴影轮廓点，它只是阴影轮廓上的一点。

绘制透视阴影并不困难，关键在于正确绘制设计对象的基本透视形体，正确认识原有灭点和透视关系，对已知绘图条件多方比较，并且能按逻辑准确推断出透视阴影的轮廓。在日常生活中还需注意观察透视阴影的形态和变化规律，经常对光照强烈的设计构造做写生 (见图 4-43、图 4-44)、摄影练习 (见图 4-45)，甚至使用计算机来模拟光照阴影效果 (见图 4-46)，这些都会对阴影制图产生很大帮助。

图 4-43　室内场景透视阴影

图 4-44　室外场景透视阴影

图 4-45　室内空间摄影

图 4-46　建筑效果图

课 后 练 习

1. 详细讲述投射光线与阴影形成的关系。
2. 描绘本章节中关于直线阴影的绘制图例。
3. 使用 A3 幅面图纸绘制教室课桌正立面图与平面图的阴影。
4. 使用 A3 幅面图纸绘制讲台透视图的阴影。
5. 使用 A3 幅面图纸绘制建筑外观三点透视图的阴影。

235

学习难度:

★☆☆☆☆

重点概念:商
业图纸、表现
目的、唯美、
图面元素

236

第5章
优秀图纸解析

章节导读 ■ 收集优秀的设计图纸是一种独特的学习方法,不仅能领略制图方法,还能紧跟时尚潮流,占据设计市场前沿。优秀的设计图纸无处不在,书籍、杂志、网络等都是来源。对于图面信息丰富、制图手法规范、视觉效果良好的设计图纸应该及时保存下来,复印、扫描、拍摄均可。关键在于日常养成良好的收集习惯,将设计制图由专业学习转变为兴趣爱好。

5.1 黑白线型图

黑白线型图是最传统的设计制图,白纸黑线的记录方式简洁、方便,绘制效率高,识读明确,能被大多数人接受。黑白线型图要求绘制规范,具有严格的国家标准约束,因此能成为目前国内最普及的设计表现方式。

图 5-1 至图 5-4 为住宅装饰设计中常见的施工立面图。图中详细记录了家具、墙面、构造的形体构造、尺寸数据、文字说明等信息。其中,正立面图与侧立面横向对齐,底部绘制粗实线表示落地放置。为了提升图面的审美效果,还加入各种陈设品,并对不同材质的构造做图案填充处理,这些都是现代设计制图所必备的信息元素。在全套图纸中,立面图的数量最多,表现的设计部位最全,在日常学习、工作中,尽量多识读、临摹施工立面图,了解尺寸分配与构造逻辑是重点。

图 5-1　装饰柜立面图一

237

图 5-2　装饰柜立面图二

电视背景墙立面图 1:40

图5-3 电视背景墙立面图一

电视背景墙立面图 1:40

图5-4 电视背景墙立面图二

图5-5为服装货架三视图与立面图。三视图一般用于表现放置在空间中央的设计构造，需要绘制多个投影面才能完整表达设计创意。立面图一般用于表现放置在空间内墙体边的设计构造，其侧立面图能概括纵深尺寸。此外，这类货架一般较高，为了在一张图纸中最大化凸显设计构造，很难再获得空白图面空间来增添平面图或俯视图。服装货架的穿插构造较复杂，应该不厌其烦地做逻辑推理，才能准确无误地完成制图。对局部构造则需要添

加大样图来辅助说明，构图既要完整、饱满，又不能过于繁琐，必要的文字说明不能省略。

图 5-5　服装货架三视图与立面图

图 5-6 为银行办公空间平、顶面布置图。空间功能完善，结构划分合理，具有很强的商业适用性。隔墙柱体、家具构造、装饰细节的线宽搭配适当，形成清晰、明朗的图面效果。内部交通流线清晰、地面铺设材料填充严谨，可以看出设计师具备很高的设计修养和丰富的工作经验。设计绘制此类特殊行业的办公空间需要进行大量实践考察，并听取认真客户意见才能找准设计方向，避免反复修改图纸。

图 5-6　办公空间平、顶面布置图

　　图 5-7 至图 5-10 为办公空间平面布置图与各主要立面图。这是一套较完整的图纸，全面表现室内空间的装饰设计构造，平面图与立面图严谨对照，指引、标注方式整齐，详细记录装饰材料与施工工艺，能顺利指导工程施工。这类图面形式与表现效果能满足大多数室内设计、施工的需求。

图 5-7　办公空间平面布置图

图 5-8　办公空间立面图一

E立面图 1:60

内藏软管灯
红胡桃饰面
红色乳胶漆饰面
8mm磨砂玻璃
红色乳胶漆饰面
铝合金包边
铝合金推拉门
黑色地砖踢脚线

F立面图 1:60

8mm磨砂玻璃
内藏软管灯
10mm铝合金边条
20mm广告钉
黑色地砖踢脚线
白色乳胶漆饰面

G立面图 1:60

铝合金边条
白色乳胶漆饰面 红胡桃饰面

H立面图 1:60

内藏软管灯
红胡桃饰面
1.2mm磨砂不锈钢
8mm磨砂玻璃
铝合金包边
红色乳胶漆饰面
黑色地砖踢脚线

图5-9 办公空间立面图二

图 5-10　办公空间立面图三

图 5–11、图 5–12 为围墙景观设计详图。针对体积较大且构造复杂的设计对象，需要绘制剖面图、大样图来补充平、立面图的不足。详图不仅要求构造详细，而且还要配置相应的尺寸数据和文字说明，正确的指引符号也是提升图面效果的重要因素。

图 5–11 围墙景观设计详图一

喷泉平面图 1:60

图 5-12　围墙景观设计详图二

5.2　彩色渲染图

　　彩色渲染图是在传统黑白线型图的基础上添加了色彩，使图面效果更华丽、唯美，提升了设计制图的观赏价值。同时，丰富的色彩材质也能使读图者准确辨认设计构造，领悟设计者的创意思想。

　　图 5-13 为居住区绿化总平面图。这类图纸又称为规划图，识读对象是设计消费者或使用者。为了提升图面的认知性，在原有黑白线型图的基础上增加了彩色渲染，使图面层次更加丰富，建筑与绿化之间的位置关系显得更加明确。

图 5-13　居住区绿化总平面图

　　图 5-14 至图 5-17 为住宅平面布置图。用于家居装饰装修的图纸开始逐渐进入全彩表现时代，要求将地面、构造、家具、陈设都清晰明朗地表现出来，使设计图纸不仅具备指导施工的作用，还兼顾材料选购的参考功能。精美的彩色图纸可作长期收藏。

图 5-14　住宅平面布置图一

图 5-15　住宅平面布置图二

图 5-16　住宅平面布置图三

图 5-17　住宅平面布置图四

　　图 5-18、图 5-19 为墙体构造立面图。这是在平面布置图的基础上继续拓展得来的，不仅增添了色彩与材质，还附有构造之间的阴影，生动表现空间形体。

电视背景墙立面图 1:100

图 5-18　电视背景墙立面图

装饰酒柜立面图 1:100

图 5-19　装饰酒柜立面图

图 5-20 至图 5-22 为商业店面平面布置图与立面图。目前，小面积商业店面设计项目较多，全彩化制图成本并不高，但是却能激发读图者的兴趣。商业品牌、标准用材、指定色彩都能通过这种全彩制图完美解决，使设计者与消费者之间保持无障碍沟通。

员工办公间
储存间
卫生间
皮包区
内衣区
600mm×600mm
浅色玻化砖

靠墙展柜

男装展区
中心展柜
木质方形收银台
通道休息区

女装精品区
300mm×300mm
浅绿玻化砖
300mm×300mm
暗红玻化砖
试衣间

台阶

打折特价区
靠墙可调节展架
精品展区

装饰立柱

商业店面平面布置图 1:80

图 5-20　商业店面平面布置图

木质更衣柜　　成品办公桌椅　成品文件柜

经理室
复合木地板

过　厅

财务室
复合木地板

营业厅
800mm×800mm玻化砖

500　3100　500　3100　500　3100　500　3100　500

14900

商业店面平面布置图 1:100

（a）

12mm钢化玻璃　　铝合金成品条形板　亚克力LOGO

亚克力发光字　　银灰色铝塑板招牌　黑金砂大理石

东风 NISSAN　　三环华通专营店
省直汽修分店

500　3100　500　3100　500　3100　500　3100　500

14900

商业店面外墙立面图 1:100

（b）

图 5-21　商业店面平面布置图与外墙立面图一

　　图 5-23 为商业店面货架透视效果图。目前，这是传统平、立面图的进一步拓展，在基础图纸的支持下增加透视效果图能使设计表意更全面。这类单一货架的透视效果图无需绘制空间背景、界面形态，灯光、材质、视角都呈模式化布置，绘制效率很高，对于局部细节还可以任意放大渲染。此外，基础模型还能保存下来供后期制作场景效果图使用。

图 5-22　商业店面平面布置图与外墙立面图二

图 5-23　商业店面货架透视效果图

参考文献
References

254

[1] 中华人民共和国住房和城乡建设部. GB/T50001—2010 房屋建筑制图统一标准 [S]. 北京：中国计划出版社，2011.

[2] 中华人民共和国住房和城乡建设部. GB/T 50104—2010 建筑制图标准 [S]. 北京：中国建筑工业出版社，2011.

[3] 中华人民共和国住房和城乡建设部. GB/T 50103—2010 总图制图标准 [S]. 北京：中国建筑工业出版社，2010.

[4] 中华人民共和国住房和城乡建设部. GB/T50106—2010 建筑给水排水制图标准 [S]. 北京：中国建筑工业出版社，2010.

[5] 中华人民共和国住房和城乡建设部. GB/T50114—2010 暖通空调制图标准 [S]. 北京：中国建筑工业出版社，2011.

[6] 中华人民共和国国家发展和改革委员会. DL/T5350—2006 水电水利工程电气制图标准 [S]. 北京：中国电力出版社，2007.

[7] 乐荷卿，陈美华. 建筑透视阴影 [M]. 长沙：湖南大学出版社，2003.

[8] 黄元庆，朱瑾. 建筑风景钢笔画技法 [M]. 上海：中国纺织大学出版社，2003.

[9] 彭一刚. 建筑绘画及表现图 [M]. 北京：中国建筑工业出版社，1999.

[10] 杨天佑. 建筑装饰工程施工 [M]. 北京：中国建筑工业出版社，2003.

[11] 刘克明. 中国工程图学史 [M]. 武汉：华中科技大学出版社，2003.

[12] 何铭新，郎宝敏，陈星铭. 建筑工程制图 [M]. 北京：高等教育出版社，2004.

[13] 施岳定. 工程制图及计算机绘图 [M]. 杭州：浙江大学出版社，1999.

[14] 沈百禄. 建筑装饰装修工程制图与识图 [M]. 北京：机械工业出版社，2007.

[15] 徐长玉. 装饰工程制图与识图 [M]. 北京：机械工业出版社，2005.

[16] 高远. 建筑装饰制图与识图 [M]. 北京：机械工业出版社，2003.

[17] 张宪，张大鹏. 电气制图与识图 [M]. 北京：化学工业出版社，2009.

[18] 刘锋，谭英杰．室内装饰识图 [M]．上海：上海科学技术出版社，2004．

[19] 刘志杰，朱丽．装饰装修工程制图与识图 [M]．北京：中国建材工业出版社，2005．

[20] 刘长飞，王劲，赵飞鹤．AUTOCAD2010 室内装饰装潢技法精讲 [M]．北京：科学出版社，2010．